Wolf-Dieter Rückwart

Grundzüge des kaufmännischen Rechnens

1. Auflage, 2016

Bestellnummer 6891

Winklers

Vorwort

In diesem Lehr- und Lernbuch sind wichtige Bereiche des kaufmännischen Rechnens fachlich klar und gut strukturiert dargestellt, sodass ein Selbststudium zur Wiederholung und Vertiefung möglich ist.

Das Buch dient als didaktische Handreichung immer dann, wenn im Rahmen der Betriebswirtschaftslehre und des Rechnungswesens rechnerische Fragen auftreten. So gesehen dienen die Texte und mathematischen Darstellungen dazu, Vergessenes aufzuarbeiten und Neues zu erarbeiten.

Wo es zweckmäßig erscheint, machen Grafiken den mathematischen Zusammenhang verständlicher.

Bei einigen Rechengebieten (z. B. Währungsrechnung, Prozentrechnung) finden Sie alternative Lösungsvorschläge über den Dreisatz und über die Verhältnisgleichung, sodass Sie eine Wahlmöglichkeit haben und die Ihnen geläufigere Lösungsvariante verwenden können.

Das Buch kann berufs- und schulformübergreifend eingesetzt werden. Es ist als Leitfaden, Ratgeber, Arbeitsunterlage und Formelsammlung konzipiert und dient weniger als Übungsbuch. Vorrangig ergänzt es die Arbeit mit Büchern der Betriebswirtschaftslehre und des Rechnungswesens und verzichtet bewusst auf die vollständige Darstellung kaufmännischer Rechenarten. Bei der Auswahl der Rechengebiete spielte die Anbindung an die Werkreihen „Schmolke/Deitermann“ und „Deitermann/Rückwart“ eine besondere Rolle.

Druck: westermann druck GmbH, Braunschweig

service@winklers.de
www.winklers.de

Bildungshaus Schulbuchverlage Westermann Schroedel Diesterweg Schöningh Winklers GmbH, Postfach 33 20, 38023 Braunschweig

ISBN 978-3-8045-**6891**-2

Inhaltsverzeichnis

1 Dreisatzrechnung

1.1 Einfacher Dreisatz

Die Dreisatzrechnung findet dort Anwendung, wo von zwei ungleichen Größen, die in proportionaler oder umgekehrt proportionaler Beziehung zueinander stehen, auf eine andere Vielheit (z. B. Menge) einer der beiden Größen geschlossen werden soll. Im folgenden Beispiel stehen die beiden Größen **5 Paletten** und **140,00 €** in der Beziehung:

5 Paletten Kopierpapier verursachen 140,00 € Frachtkosten.

Es wird nach den Frachtkosten für eine andere Menge der Größe **Paletten,** nämlich **7 Paletten,** gesucht.

Anwendung

Anwendungsbereiche der Dreisatzrechnung sind u. a.:

- Preisberechnungen in Abhängigkeit von unterschiedlichen Warenmengen,
- Berechnung des Arbeits- oder Maschineneinsatzes in Abhängigkeit von unterschiedlichen Arbeitszeiten,
- Berechnung von Verbrauchsmengen in Abhängigkeit von Flächen- oder Raumgrößen,
- Umrechnung von Euro-Beträgen in ausländische Währungsbeträge und umgekehrt in Abhängigkeit von Währungskursen.

1.1.1 Einfacher Dreisatz mit proportionalen Beziehungen

Beispiel

In der Kalkulation für den Kundenauftrag A wurden u. a. für 5 Paletten Kopierpapier 140,00 € Frachtkosten angesetzt. Ein vergleichbarer Kundenauftrag B über 7 Paletten soll kalkuliert werden.

Für den Auftrag B sind die entsprechenden Frachtkosten zu berechnen.

Lösung

Zur **Lösung** gelangt man – ausgehend von den gegebenen Größen – über den **Schluss auf die Einheit,** hier „Frachtkosten für 1 Palette“:

Bedingungssatz:

5 Paletten verursachen 140,00 € Frachtkosten.

Schluss auf die Einheit:

$$\text{1 Palette verursacht } \frac{\text{140,00 € Frachtkosten}}{\text{5 Paletten}} = \text{28,00 € / Palette}$$

Lösung

Schluss auf die gesuchte Vielheit:

7 Paletten verursachen $\frac{140{,}00\ € \cdot 7\ \text{Paletten}}{5\ \text{Paletten}}$ = 196,00 € Frachtkosten

Antwortsatz:

7 Paletten verursachen 196,00 € Frachtkosten.

Lösungsschritte	Paletten	Frachtkosten
Bedingungssatz	5 Paletten	140,00 €
Schluss auf die Einheit	1 Palette	: 5 28,00 €
Antwortsatz	7 Paletten	· 7 196,00 €

Lösung über Dreisatz

Aus der obigen Darstellung wird die Lösung über den Lösungsansatz und die Lösungsgleichung verallgemeinert:

Ansatz

5 Paletten ~ 140,00 € Frachtkosten
7 Paletten ~ x € Frachtkosten

Lösungsgleichung

$$x\ € = \frac{140{,}00\ € \cdot 7\ \text{Paletten}}{5\ \text{Paletten}} = 196{,}00\ €\ \text{Frachtkosten}$$

Merke

5 Paletten : ← ② **140,00 € Frachtkosten**

(Schluss auf die Einheit) ↑ ①

(Schluss auf die neue Vielheit) · ③ ↓ =

7 Paletten **x € Frachtkosten**

① Die Lösungsgleichung lässt sich mit Hilfe des obigen Musters ausgehend von der gesuchten Größe „x € =“ aufstellen. ② Prüfen Sie durch die Frage: „Verursacht die Menge im Fragesatz mehr oder weniger Kosten als die Menge im Bedingungssatz?“, ob ein proportionales Verhältnis vorliegt. Wenn ja, können Sie durch Division der Zahlen des Bedingungssatzes den Wert je Einheit bestimmen. ③ Multiplizieren Sie diesen Wert mit der Menge im Fragesatz und Sie erhalten den Wert der gesuchten Größe.

Zusammenfassung

- Im Ansatz stehen die gleich benannten Größen untereinander. Die gesuchte Größe steht am Ende des Ansatzes.
- Zwischen den beiden Größen im Ansatz (hier: „... Paletten“ und „... €“) besteht eine Beziehung, die durch das Zeichen ~ („... verhält sich zu ...“) ausgedrückt wird.

Das Beispiel macht deutlich:

Ein „MEHR“ an Paletten verursacht ein „MEHR“ an Frachtkosten.
Ein „WENIGER“ an Paletten bedingt ein „WENIGER“ an Frachtkosten.

Eine solche „gleichsinnige“ Beziehung zwischen zwei Größen heißt „proportional“. **proportional**

Merke

7 Paletten > 5 Paletten → 196,00 € > 140,00 € und

5 Paletten < 7 Paletten → 140,00 € < 196,00 €

Wert je Einheit (= Quotient)

In der obigen Lösung stellt der auf eine Palette entfallende Frachtanteil, also der Quotient aus 140,00 € : 5 Paletten = 28,00 €/Palette, die Grundlage zur Bestimmung der Frachtkosten für 7 Paletten dar. Allgemein ausgedrückt kann dieser Quotient (28,00 €/Palette) zur Berechnung der Frachtkosten für beliebige andere Mengen (z. B. 3 Paletten, 7 Paletten, 11 Paletten usw.) herangezogen werden. Dieser Quotient wird auch **Wert je Einheit** genannt. Mit diesem Wert lässt sich der Zusammenhang zwischen Größen mit proportionalem Verhältnis tabellarisch und grafisch gut veranschaulichen.

Berechnung der Frachtkosten

Berechnungstabelle

Wert je Einheit (Quotient)	„mal“	Menge in Paletten	„ist gleich“	Gesuchte Frachtkosten
		1		28,00 €
		2		56,00 €
		3		84,00 €
		4		112,00 €
28,00 €/Palette	•	5	=	140,00 €
		6		168,00 €
		7		196,00 €
		8		224,00 €
		...		...

Grafische Darstellung

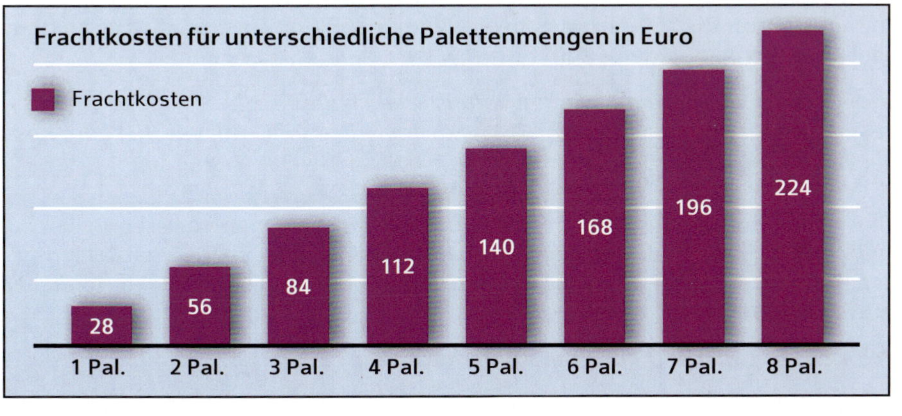

Zusammenfassung

- Die Dreisatzrechnung ist eine Schlussrechnung, bei der – ausgehend von der bekannten Beziehung zwischen zwei Größen – auf die entsprechende Beziehung einer veränderten Größe „geschlossen“ wird.
- Bei einem Dreisatz mit proportionalen Beziehungen sind die beiden Größen „gleichgerichtet“:

  Mehr → Mehr oder Weniger → Weniger.

- Für die Lösung von Dreisatzaufgaben mit proportionalen Beziehungen ist der **Schluss auf die Einheit** der entscheidende Lösungsschritt.

Bei Dreisatzaufgaben dieser Art werden zunächst die Zahlen des Bedingungssatzes dividiert, und es ergibt sich der Wert je Einheit. Um an das gesuchte Ergebnis zu gelangen, wird dieser Wert danach mit der Größe im Fragesatz multipliziert.

Aufgabe 1

Im Unternehmen Kern werden die Mietkosten für das gemietete Verwaltungsgebäude als Bestandteil der Preiskalkulation berücksichtigt. Für die erste Etage mit 700 m^2 setzt Frau Kern 2.625,00 € an.

Wie viel Euro Mietkosten sind für 240 m^2 in der zweiten Etage anzusetzen?

Aufgabe 2

Ein Papiergroßhändler versendet an einen Großkunden mehrere Paletten Kopierpapier im Gesamtgewicht von 3 250 kg. Er belastet den Kunden mit einem Frachtkostenanteil von 156,00 €.

Mit welchem Frachtkostenanteil müsste ein anderer Kunde bei gleicher Entfernung belastet werden, der Kopierpapier im Gesamtgewicht von 1 775 kg bezieht?

Aufgabe 3

Ein Großhändler zahlt für die gemieteten Büro- und Lagerräume mit einer Fläche von insgesamt 440 m^2 monatlich 3.190,00 € Miete. Für die betriebsinterne Kostenrechnung möchte er die Gesamtmiete anteilig auf die Büro- und Lagerräume aufteilen.

Wie viel Euro Miete entfallen auf die Büroräume mit 150 m^2 Fläche?

Aufgabe 4

In der Verkaufsabteilung eines Unternehmens steigt die Anzahl der Kopiervorgänge proportional zur Anzahl der Auftragsabwicklungen. Im vergangenen Monat wurden für 750 Auftragsabwicklungen 360 Kopiervorgänge gezählt. Im laufenden Monat wird mit 800 Auftragsabwicklungen gerechnet.

Wie viele Kopiervorgänge werden voraussichtlich anfallen?
Jeder Kopiervorgang verursacht Kopierkosten von 0,25 €. Mit wie viel Euro Kostensteigerung ist zu rechnen?

Aufgabe 5

Ein weiterverarbeitender Betrieb bezieht 150 PC-Gehäuse vom Hersteller für netto 4.170,00 €. In dieser Sendung befanden sich 14 Gehäuse mit fehlerhaften Bohrungen. Diese Gehäuse werden vereinbarungsgemäß an den Hersteller zurück geschickt.

Mit welcher Gutschrift kann der Käufer rechnen?

1.1.2 Einfacher Dreisatz mit umgekehrt proportionalen Beziehungen

Beispiel

Ein Bauunternehmer rechnet für das Ausheben und Abfahren des Erdreiches aus einer Baugrube beim Einsatz von 5 gleichartigen Fahrzeugen (F) mit einer Arbeitszeit von zusammen 140 Arbeitsstunden. Der Auftraggeber möchte den Aushub beschleunigt durchführen lassen. Daraufhin sagt der Bauunternehmer den Einsatz von 7 Fahrzeugen zu.

Wie viele Arbeitsstunden sind nunmehr anzusetzen?

Lösung

Zur **Lösung** gelangt man – ausgehend von den gegebenen Größen – über den Schluss auf die **Gesamtleistung, hier „Stunden · Fahrzeuge“:**

Bedingungssatz:

5 Fahrzeuge benötigen 140 Stunden

Schluss auf die Gesamtleistung:

1 Fahrzeug benötigt 140 Stunden · 5 Fahrzeuge = 700 Stunden

Schluss auf die gesuchte Vielheit:

7 Fahrzeuge benötigen $\frac{140 \text{ Stunden} \cdot 5 \text{ Fahrzeuge}}{7 \text{ Fahrzeuge}} = 100$ Stunden

Antwortsatz

7 Fahrzeuge benötigen 100 Arbeitsstunden.

Lösungsschritte	Fahrzeuge	Stunden
Bedingungssatz	Leistung bei 5 Fahrzeugen	140 Stunden
Schluss auf die gesuchte Vielheit	Leistung bei 1 Fahrzeug	· 5 700 Stunden
Antwortsatz	Leistung bei 7 Fahrzeugen	: 7 100 Stunden

Lösung über Dreisatz

Aus der obigen Darstellung wird die Lösung über den Lösungsansatz und die Lösungsgleichung verallgemeinert:

Ansatz

5 Fahrzeuge ~ 140 Stunden
7 Fahrzeuge ~ x Stunden

Lösungsgleichung

$$x \text{ Std.} = \frac{140 \text{ Stunden} \cdot 5 \text{ Fahrzeuge}}{7 \text{ Fahrzeuge}} = 100 \text{ Stunden}$$

Merke

5 Fahrzeuge · ← ② (Schluss auf die Gesamtheit) 140 Arbeitsstunden

(Schluss auf die neue Teilmenge) : ③ ↓ ↑ ③ =

7 Fahrzeuge x Arbeitsstunden

Umgekehrt proportionale Beziehung

Das obige Beispiel verdeutlicht, dass zwischen den Größen „Anzahl der Fahrzeuge“ und „Anzahl der Arbeitsstunden“ nicht die gleiche Beziehung herzustellen ist wie im vorhergehenden Abschnitt zwischen den Größen „Anzahl der Paletten“ und „Höhe der Frachtkosten“ (vgl. Beispiel S. 5). Hier ist nicht der „Wert je Einheit“ der entscheidende Lösungsschritt, sondern das Erbringen einer **Gesamtmenge** oder **Gesamtleistung.**

Im obigen Beispiel wird eine Gesamtleistung an Arbeitsstunden von 5 Fahrzeugen zu je 140 Stunden, also 5 · 140 = 700 (Arbeitsstunden), erbracht. Verteilt sich diese Gesamtleistung auf 5 Fahrzeuge, so sind zur Bewältigung des Auftrags 140 Stunden erforderlich. Verteilt sich die Gesamtleistung auf **mehr** als 5 Fahrzeuge, so lässt sich der Auftrag in **kürzerer** Zeit erledigen. Also gilt:

Kommen **mehr** als die im Auftrag vorgesehenen Fahrzeuge zum Einsatz, so werden **weniger** Arbeitsstunden verbraucht und

Kommen **weniger** als die zunächst vorgesehenen Fahrzeuge zum Einsatz, so werden **mehr** Arbeitsstunden benötigt.

① Die Lösungsgleichung lässt sich mit Hilfe der obigen Merkhilfe ausgehend von der gesuchten Größe „x Arbeitsstunden =“ aufstellen. ② Prüfen Sie durch die Frage: „Verursacht die Anzahl der Fahrzeuge im Fragesatz mehr oder weniger Arbeitsstunden als die Menge im Bedingungssatz?“, ob eine umgekehrt proportionales Beziehung vorliegt. Wenn ja, können Sie durch Multiplikation der Zahlen des Bedingungssatzes den Gesamtwert bestimmen. ③ Dividieren Sie diesen Wert durch die Menge im Fragesatz und Sie erhalten den Wert der gesuchten Größe.

Zusammenfassung

- Im Ansatz stehen die gleich benannten Größen untereinander; die gesuchte Größe steht am Ende des Ansatzes.
- Zwischen den beiden Größen im Ansatz (hier: „... Fahrzeuge“ und „... Arbeitsstunden“) besteht eine Beziehung, die durch das Zeichen ~ („... verhält sich zu ...“) ausgedrückt wird.

Das Beispiel macht deutlich,

dass ein „MEHR“ an Fahrzeugen ein „WENIGER“ an Arbeitsstunden erzeugt; ebenso gilt auch,

dass ein „WENIGER“ an Fahrzeugen ein „MEHR“ an Arbeitsstunden bedingt.

umgekehrt proportional

Eine solche „gegenläufige“ Beziehung zwischen zwei Größen heißt „umgekehrt proportional“.

7 Fahrzeuge > 5 Fahrzeuge → 100 Stunden < 140 Stunden und

5 Fahrzeuge < 7 Fahrzeuge → 140 Stunden > 100 Stunden

Merke

Gesamtwert (= Produkt)

In der obigen Lösung stellen die insgesamt für den Auftrag aufzuwendenden Arbeitsstunden, also das **Produkt** aus **140 Arbeitsstunden · 5 Fahrzeuge = 700 Arbeitsstunden,** die Grundlage zur Bestimmung der Arbeitsstunden beim Einsatz von 7 Fahrzeugen dar. Allgemein ausgedrückt kann dieses Produkt (700 Arbeitsstunden) zur Berechnung der Arbeitsstunden für beliebig andere Fahrzeugeinsätze (z. B. 3 Fahrzeuge, 7 Fahrzeuge, 11 Fahrzeuge usw.) herangezogen werden. Dieses Produkt wird auch „Gesamtwert" genannt. Mit diesem Wert lässt sich der Zusammenhang zwischen Größen mit umgekehrt proportionalen Beziehungen tabellarisch und grafisch gut veranschaulichen.

Berechnung der Arbeitsstunden

Berechnungstabelle

Gesamtwert (Produkt)	„geteilt"	Anzahl der Fahrzeuge	„ist gleich"	Gesuchte Arbeitsstunden
140 Std · 5 = **700 Std.**	:	1	=	700,0 Stunden
		2		350,0 Stunden
		3		233,3 Stunden
		4		175,0 Stunden
		5		140,0 Stunden
		6		116,7 Stunden
		7		100,0 Stunden
		8		87,5 Stunden
		…		…

Grafische Darstellung

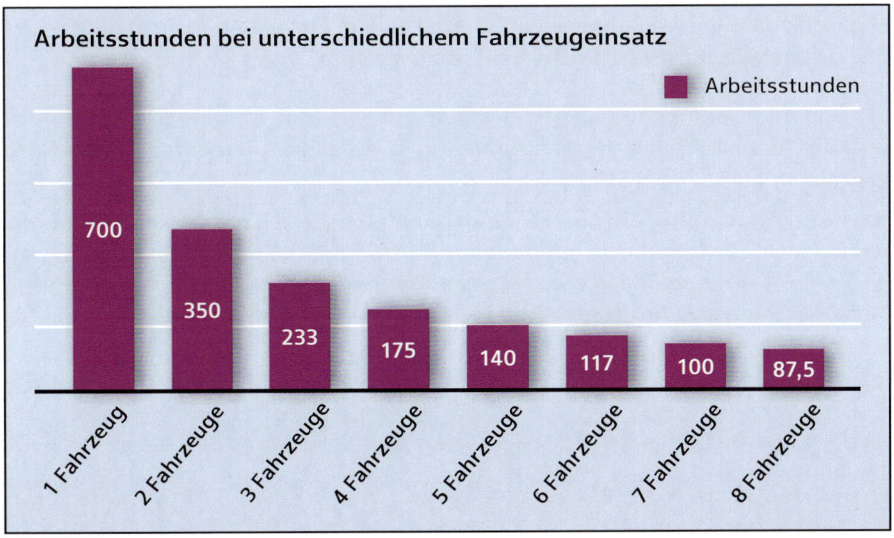

Zusammenfassung

- Bei einem umgekehrt proportionalen Dreisatz sind die Beziehungen zwischen den beiden Größe „gegenläufig“.
- Für die Lösung von Dreisatzaufgaben mit umgekehrt proportionalen Beziehungen ist die Berechnung des Gesamtwertes der entscheidende Lösungsschritt.

Aufgabe 6

Ein Verpackungsautomat kann je nach Bedarf in zwei Geschwindigkeitsstufen arbeiten. In der niedrigeren Stufe schafft die Maschine 3 200 Verpackungen in der Stunde, in der höheren Geschwindigkeitsstufe 4 000 Verpackungen in der Stunde.
Für einen bestimmten Kundenauftrag würde die Maschine in der niedrigeren Stufe 15 Stunden benötigen.

In wie viel Stunden könnte der Auftrag in der höheren Stufe erledigt werden?

Aufgabe 7

In einer Teppichgroßhandlung reicht der Vorrat an einer bestimmten Sorte Teppichboden in der Breite von 450 cm bei einem Verkauf von durchschnittlich 175 m täglich für insgesamt 12 Verkaufstage.

Wie lange würde der Vorrat reichen, wenn nach einer Werbeaktion mit einem Verkauf von 210 m je Tag gerechnet wird?

Aufgabe 8

Durch Tarifvereinbarung wird eine Verkürzung der wöchentlichen Arbeitszeit, die derzeit 38,5 Stunden beträgt, vereinbart. Aufgrund dieser Vereinbarung steigt der Stundenlohn eines Arbeiters von 12,50 € auf 12,92 €.

Um wie viele Minuten je Woche wurde die Arbeitszeit verkürzt?

1.2 Zusammengesetzter Dreisatz

In der Praxis sind die Situationen in der Regel so kompliziert, dass eine Größe zugleich von mehreren anderen abhängt. Um hier zu Lösungen zu gelangen, ist der aufgestellte Ansatz schrittweise „abzuarbeiten“.

Beispiel

Ein Bauunternehmer kalkuliert für einen Auftrag zum Abfahren von 3 150 m^3 Erdaushub zur Deponie A mit 5 Fahrzeugen bei täglich 9 Fahrten je Fahrzeug eine Dauer von 7 Arbeitstagen.

Nachträglich wird der Auftrag dahin gehend geändert, dass 4 800 m^3 abzufahren sind. Der Unternehmer möchte den Auftrag dennoch kurzfristig ausführen und will 8 Fahrzeuge einsetzen, die eine näher gelegene Deponie B anfahren, sodass je Fahrzeug pro Tag 10 Fahrten durchgeführt werden können.

In welcher Zeit ist der Auftrag durchführbar?

Lösung

3 150 m³ ~ 5 Fahrzeuge ~ 9 Fahrten/Tag ~ 7 Arbeitstage

4 800 m³ ~ 8 Fahrzeuge ~ 10 Fahrten/Tag ~ x Arbeitstage

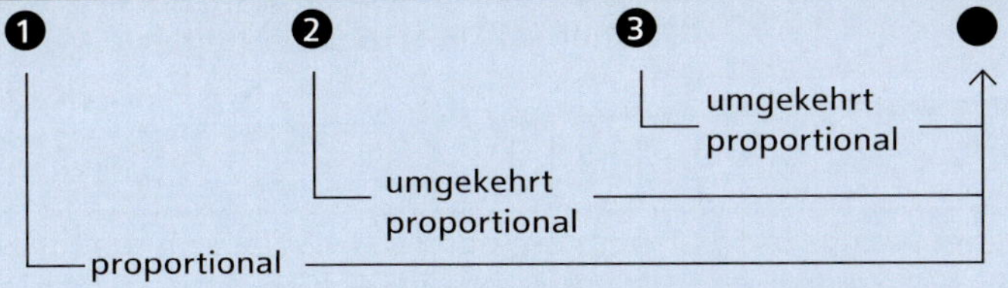

$$\text{x Arbeitstage} = \frac{7\ \text{Tage} \cdot 4\,800\ \text{m}^3 \cdot 5\ \text{Fahrzeuge} \cdot 9\ \text{Fahrten}}{3\,150\ \text{m}^3 \cdot 8\ \text{Fahrzeuge} \cdot 10\ \text{Fahrten}} = 6\ \text{Tage}$$

Der Ansatz wird aus den Größen des Beispiels nach den zuvor aufgestellten Regeln (vgl. S. 6 und 10) übersichtlich gebildet. Die Aufstellung der Lösungsgleichung erfolgt hier in drei Schritten, wobei jeweils die Beziehung der gesuchten Größe zu je einer anderen untersucht wird:

❶ Zwischen den Größen „m³“ und „Tage“ besteht eine proportionale Beziehung: **Je mehr** Erdreich abgefahren wird, **umso mehr** Zeit ist dafür erforderlich. Der Zeitbedarf für 1 m³ beträgt also 7 Tage : 3 150 m³. Für 4 800 m³ ist dann der Zeitbedarf 4 800-mal so hoch.

❷ Danach wird die Beziehung zwischen den Größen „Fahrzeuge“ und „Tage“ bestimmt, von der die Lösung ja auch abhängt. Zwischen diesen beiden Größen besteht eine umgekehrt proportionale Beziehung: **Je mehr** Fahrzeuge im Einsatz sind, **umso weniger** Arbeitszeit je Fahrzeug ist erforderlich. Der gesamte Zeitbedarf (= Gesamtleistung) beträgt also 7 Tage · 5 Fahrzeuge; und der Einsatz von 8 Fahrzeugen verringert den Zeitbedarf auf den 8. Teil.

❸ Auch die Beziehung zwischen den Größen „Fahrten/Tag“ und „Tage“ ist eine umgekehrt proportionale Beziehung: **Je mehr** Fahrten/Tag erfolgen, **umso weniger** Arbeitstage sind erforderlich. Der gesamte Zeitbedarf beträgt also 7 Tage · 9 Fahrten/Tag; entsprechend sinkt der Zeitbedarf bei 10 Fahrten/Tag auf den 10. Teil.

Zusammenfassung

- Bei zusammengesetzten Dreisätzen hängt die gesuchte Größe gleichzeitig von mehreren anderen Größen ab.
- Schrittweise wird die gesuchte Größe mit jeder anderen Größe auf proportionale oder umgekehrt proportionale Beziehungen untersucht und danach die Lösungsgleichung aufgestellt.

Aufgabe 9

Ein Getränkehersteller füllt ein Erfrischungsgetränk auf 5 Abfüllanlagen in Flachen ab. Bei einer täglichen Arbeitszeit von 8 Stunden beträgt die Kapazität der Anlage 60 000 Flaschen. Aufgrund steigender Nachfrage will das Unternehmen die Kapazität auf 80 000 Flaschen erhöhen. Zugleich vereinbaren die Tarifpartner eine Verkürzung der täglichen Arbeitszeit auf 7,5 Stunden.

Wie viele Abfüllautomaten müssten zusätzlich angeschafft werden, um die Bedingungen zu erfüllen?

Aufgabe 10

Für die Computermontage stehen in einem Unternehmen 8 Arbeitskräfte zur Verfügung, die bei einer täglichen Arbeitszeit von 8 Stunden einen Auftrag über 60 Computer in 4 Tagen bearbeiten können. Kurzfristig wird der Auftrag auf 80 Computer erhöht. Die Auslieferung soll in 5 Tagen erfolgen.

Lässt sich der Auftrag ohne zusätzliche Arbeitskräfte oder ohne Überstunden durchführen?

Aufgabe 11

Bei 8-stündiger Arbeitszeit je Arbeitstag benötigen 6 Näherinnen für einen Auftrag über die Anfertigung von 500 Oberhemden 5 Arbeitstage.

In welcher Zeit lässt sich ein ähnlicher Auftrag über 750 Hemden ausführen, wenn eine Näherin wegen Erkrankung ausfällt und die übrigen Näherinnen dafür eine Überstunde pro Tag leisten?

Aufgabe 12

Ein Unternehmen stellt Pressteile aus Stahlblech her. Insgesamt stehen 8 Pressen zur Verfügung. Die Tagesleistung hängt von der Größe der Pressteile ab: Für einen Auftrag über 20 000 Pressteile setzt der Unternehmer 5 Pressen bei einer täglichen Laufzeit von 7,5 Stunden ein. Der Auftrag kann so in 5 Tagen erledigt werden. Ein ähnlicher Auftrag über 30 000 Pressteile soll in 6 Tagen ausgeführt werden.

Kann dieser Auftrag in der Zeit erledigt werden, wenn alle Pressen zum Einsatz kommen, die tägliche Laufzeit auf 8 Stunden erhöht wird, die Leistungsfähigkeit der Pressen wegen veränderter Form und Größe der Pressteile aber nur $^{9}/_{10}$ *gegenüber dem vorhergehenden Auftrag beträgt?*

Aufgabe 13

Für die Elektroinstallation in einer Fabrikationshalle würden nach den Berechnungen des Unternehmers 6 Handwerker bei einer täglichen Arbeitszeit von 8 Stunden insgesamt 12 Tage benötigen. Der Kunde wünscht eine schnellere Fertigstellung.

In wie vielen Tagen kann die Installation beendet sein, wenn die Arbeitszeit um 1 Stunde je Tag erhöht und 2 Handwerker zusätzlich eingesetzt werden?

Aufgabe 14

Die Entladung von Tankschiffen kann am Anleger eines Chemiewerkes wahlweise an zwei Anlegestellen A und B erfolgen. An der Anlegestelle A würde die Entladung mit 5 Pumpen bei einer Stundenleistung von 220 t je Pumpe in 18 Stunden erfolgen, an der Anlegestelle B in 22 Stunden, da die Pumpen hier nur eine Leistung von 150 t je Pumpe haben.

Wie viele Pumpen sind an der Anlegestelle B im Einsatz?

Aufgabe 15

Für die Füllung eines Löschwasserbeckens stehen insgesamt 5 Zuflüsse zur Verfügung, die folgendermaßen geschaltet werden können:
3 Zuflüsse zu je 4 000 l/Std. oder 2 Zuflüsse zu je 7 500 l/Std. Wird das Becken nur über 3 Zuflüsse zu je 4 000 l gefüllt, dauert das Füllen 30 Stunden.

Wie viele Stunden dauert die Füllung über die beiden Zuflüsse zu je 7 500 l/Std.?

2 Rechnen mit Verhältnisgleichungen

Das Rechnen mit Verhältnisgleichungen findet dort Anwendung, wo zwei Verhältnisse, die in proportionaler oder umgekehrt proportionaler Beziehung zueinander stehen, gleich gesetzt sind und eine Größe in einem der beiden Verhältnisse gesucht wird. Aufgaben, die mit dem Dreisatz gelöst werden können, lassen sich auch über Verhältnisgleichungen lösen.

2.1 Grundlagen der Verhältnisgleichung

In der Kalkulation für den Kundenauftrag A wurden u. a. für 5 Paletten Kopierpapier 140,00 € Frachtkosten angesetzt. Ein vergleichbarer Kundenauftrag B über 7 Paletten soll kalkuliert werden. Beispiel

Der Quotient zweier **gleich benannter** Zahlen wird **Verhältnis** genannt. Im obigen Beispiel liegen die beiden folgenden Verhältnisse vor: **Verhältnis**

Das **erste** Verhältnis besteht aus den beiden Mengen (Anzahl der Paletten), also **Erstes Verhältnis**

5 Paletten : 7 Paletten

Die beiden Größen eines Verhältnisses werden durch das Divisionszeichen (:) voneinander getrennt. Gesprochen wird das Verhältnis als

5 Paletten verhalten sich zu 7 Paletten.

Das Verhältnis kann als **Bruch** geschrieben werden; der sich ergebende Quotient ist immer eine unbenannte Zahl:

$$5 \text{ Paletten} : 7 \text{ Paletten} = \frac{5 \text{ Paletten}}{7 \text{ Paletten}} = \frac{5}{7}$$

Aus dem obigen Beispiel ergibt sich das zweite (wertgleiche) Verhältnis aus den **Euro-Beträgen,** wobei die Frachtkosten für 7 Paletten die gesuchte Größe x darstellt. **Zweites Verhältnis**

140,00 € : x €

Eine Gleichung zwischen zwei wertgleichen Verhältnissen wird Verhältnisgleichung oder **Proportion** genannt. Aus dem obigen Beispiel ergibt sich folgende Verhältnisgleichung: **Verhältnisgleichung**

5 Paletten : 7 Paletten = 140,00 € : x €

Die einzelnen Größen in einer Verhältnisgleichung heißen Glieder. Die beiden außen stehenden Glieder heißen **Außenglieder** (hier: 5 Paletten und x €), die beiden innen stehenden Glieder heißen **Innenglieder** (hier: 7 Paletten und 140,00 €). **Außenglieder/Innenglieder**

Zusammenfassung

- Nur gleich benannte Größen oder unbenannte Zahlen bilden Verhältnisse.
- Ein Verhältnis kann als Bruch geschrieben werden.
- Zwei Verhältnisse, die den **gleichen Quotienten** haben, können zu einer **Verhältnisgleichung** (= Proportion) verbunden werden.

2.2 Proportionale Verhältnisgleichungen

Aus dem obigen Beispiel (vgl. Seite 15) ergeben sich Verhältnisse, die proportional zueinander stehen, d.h. ein „MEHR“ an Paletten verursacht auch ein „MEHR“ an Frachtkosten. Ebenso gilt, dass ein „WENIGER“ an Paletten auch ein „WENIGER“ an Frachtkosten bedingt.

Merke

7 Paletten > 5 Paletten → x € > 140,00 € und

5 Paletten < 7 Paletten → 140,00 € < x €

Lösung über Verhältnisgleichung

5 Paletten : 7 Paletten = 140,00 € : x €

Diese Gleichung lässt sich als Bruchgleichung schreiben:

Bruchgleichung

$$\frac{5 \text{ Paletten}}{7 \text{ Paletten}} = \frac{140{,}00\ €}{x\ €}$$

Über folgende Umformungen wird „x €“ auf der linken Seite der Gleichung isoliert:

Produktgleichung

5 Paletten · x € = 140,00 € · 7 Paletten

$$x\ € = \frac{140{,}00\ € \cdot 7 \text{ Paletten}}{5 \text{ Paletten}} = 196{,}00\ € \text{ Frachtkosten}$$

Vergleicht man die obige Verhältnisgleichung mit der Produktgleichung, so fällt folgende Regel auf, die sich zur vereinfachten Lösung von Verhältnisgleichungen nutzen lässt:

In der Verhältnisgleichung ist das Produkt der Außenglieder gleich dem Produkt der Innenglieder.

Anwendung der Regel auf das Beispiel

Verhältnisgleichung	**5 Paletten : 7 Paletten = 140,00 € : x €**
Produkt der Außenglieder	x € · 5 Paletten
	=
Produkt der Innenglieder	140,00 € · 7 Paletten
Produktgleichung	x € · 5 Paletten = 140,00 € · 7 Paletten
Lösungsgleichung	$x\ € = \frac{140{,}00\ € \cdot 7 \text{ Paletten}}{5 \text{ Paletten}} = 196{,}00\ €$

Zusammenfassung

- Verhältnisgleichungen werden über die Regel gelöst:
  Das Produkt der Innenglieder ist gleich dem Produkt der Außenglieder.

Aufgabe 16

Machen Sie sich den Unterschied zwischen der Dreisatzrechnung und der Rechnung mit Verhältnisgleichungen deutlich.

Aufgabe 17

Lösen Sie die Aufgaben zum einfachen Dreisatz mit proportionalen Beziehungen mithilfe der Verhältnisgleichung.

Aufgabe 18

Eine Aushilfskraft erhält für das Reinigen von Büroräumen bei einem Einsatz von 7 Stunden pro Woche 64,75 €. Sie übernimmt als Urlaubsvertretung die Reinigung weiterer Büroräume im Umfang von zusätzlich 3 Stunden/Woche.

Wie hoch ist ihr Wochenverdienst?

2.3 Umgekehrt proportionale Verhältnisgleichungen

Beispiel 1

Beim Fahrrad sind zwei Zahnkränze – die Tretkurbel und das Ritzel – durch eine Kette verbunden. Die beiden Zahnkränze haben unterschiedliche Radien. Der Radius r_1 des Zahnkranzes an der Tretkurbel ist größer als der Radius r_2 des Ritzels. Bei einer Umdrehung r_1 dreht sich das Ritzel r_2 mehrfach, d. h. die Anzahl der Umdrehungen beider Zahnkränze ist umgekehrt proportional zu ihren Radien. Nennen wir n_1 die Anzahl der Umdrehungen für die Tretkurbel mit dem Radius r_1 und n_2 die Anzahl der Umdrehungen für das Ritzel mit dem Radius r_2, so gilt die umgekehrte Proportionalität

$$r_1 : r_2 = n_2 : n_1 \leftrightarrow \frac{r_1}{r_2} = \frac{n_2}{n_1}.$$

Lösung

Die Verhältnisgleichung zeigt, dass sich die Radien r_1 zu r_2 verhalten wie die Umdrehungen n_2 zu n_1. Daraus ergibt sich die **Produktgleichung**

$$r_1 \cdot n_1 = r_2 \cdot n_2.$$

„Produkt von r_1 mal n_1 des größeren Zahnkranzes ist gleich dem Produkt aus r_2 mal n_2 des kleineren Ritzels. Ist z. B. r_1 gesucht, so lautet die Lösungsgleichung

$$r_1 = \frac{r_2 \cdot n_2}{n_1}.$$

Beispiel 2

Ein Bauunternehmer rechnet für das Ausheben und Abfahren des Erdreiches aus einer Baugrube beim Einsatz von 5 gleichartigen Fahrzeugen (Lkw) mit einer Arbeitszeit von zusammen 140 Arbeitsstunden. Der Auftraggeber möchte den Aushub beschleunigt durchführen lassen. Daraufhin sagt der Bauunternehmer den Einsatz von 7 Fahrzeugen zu.

Wie viel Arbeitsstunden sind nunmehr anzusetzen?

Lösungsschritte

Die beiden Größen „Anzahl der Fahrzeuge“ und „Anzahl der Arbeitsstunden“ stehen umgekehrt proportional zueinander:

- Kommen **mehr** als die im Auftrag vorgesehenen Fahrzeuge zum Einsatz, so werden **weniger** Arbeitsstunden verbraucht und
- Kommen **weniger** als die zunächst vorgesehenen Fahrzeuge zum Einsatz, so werden **mehr** Arbeitsstunden benötigt

5 Lkw < 7 Lkw → 140 Stunden > x Stunden

Verhältnisgleichung

$$5 \text{ Lkw} : 7 \text{ Lkw} = x \text{ Std.} : 140 \text{ Std.}$$

$$\frac{x \text{ Stunden}}{140 \text{ Stunden}} = \frac{5 \text{ Lkw}}{7 \text{ Lkw}}$$

Produktgleichung

$$x \text{ Stunden} \cdot 7 \text{ Lkw} = 140 \text{ Stunden} \cdot 5 \text{ Lkw}$$

$$x \text{ Stunden} = \frac{140 \text{ Stunden} \cdot 5 \text{ Lkw}}{7 \text{ Lkw}} = 100 \text{ Stunden}$$

Zusammenfassung

Verhältnisgleichungen mit umgekehrt proportionalen Verhältnissen werden nach der Regel gelöst:

Das Produkt der Innenglieder ist gleich dem Produkt der Außenglieder.

Aufgabe 19

Lösen Sie die Aufgaben zum einfachen Dreisatz mit umgekehrt proportionalen Beziehungen mithilfe der Verhältnisgleichung.

Weitere Aufgaben finden Sie in den nachfolgenden Kapiteln.

3 Währungsrechnung

3.1 Grundlagen der Währungsrechnung

Moderne Volkswirtschaften können nur in enger gegenseitiger Verflechtung existieren: Fehlende Rohstoffe und fehlende fertige Erzeugnisse werden importiert, landwirtschaftliche, hochwertige industrielle Erzeugnisse und Dienstleistungen werden exportiert. Die Freizügigkeit führt zu zahlreichen grenzüberschreitenden Reisen und Transaktionen. Arbeitsmärkte sind auch für ausländische Arbeitnehmer vielfach offen.

Diese vielfältigen Beziehungen bedingen Zahlungsvorgänge zwischen inländischen und ausländischen Partnern, also den Umtausch des inländischen Geldes in ausländisches Geld und umgekehrt. Bei allen diesen Vorgängen treten die Banken als „Mittler" (Käufer/Verkäufer) auf:

Anwendung

Wer privat oder geschäftlich ausländisches Geld benötigt,

- weil er Einfuhrwaren in ausländischem Geld bezahlen muss,
- weil er eine Auslandsreise antreten und ausländisches Geld mitnehmen will,
- weil er als ausländischer Arbeitnehmer einen Teil seines Lohnes nach Hause überweisen will,

tritt als Nachfrager von ausländischem Geld bei den Banken auf. Die Banken „kaufen" also EURO an und „verkaufen" ausländisches Geld.

Wer privat oder geschäftlich ausländisches Geld in inländisches umtauschen will,

- weil er aus einem Ausfuhrgeschäft ausländisches Geld erhalten hat,
- weil er von einer Auslandsreise ausländisches Geld mitgebracht hat,

tritt als Anbieter von ausländischem Geld bei den Banken auf. Die Banken „verkaufen" also EURO und „kaufen" ausländisches Geld an.

EURO-Länder

Seit dem 1. Januar 2002 haben achtzehn der inzwischen 28 Länder der Europäischen Union (EU) nach und nach den Euro als gemeinsame Währung eingeführt. Sie sind damit als Euro-Land währungspolitisch „Inland". In folgenden Euro-Ländern gilt zurzeit der Euro als alleiniges gesetzliches Zahlungsmittel:

Belgien, Bundesrepublik Deutschland, Estland, Finnland, Frankreich, Griechenland, Irland, Italien, Lettland, Luxemburg, Malta, Niederlande, Österreich, Portugal, Slowakei, Slowenien, Spanien und Zypern.

Die gemeinsame Währung „EURO" wird international mit **EUR** abgekürzt; sie verwendet das Währungssymbol €.

Die dem Euro-Land nicht angehörenden Staaten sind währungspolitisch „Ausland". Dänemark, Großbritannien (mit Nordirland), Polen und Schweden z. B. haben ihre bisherigen Währungen beibehalten.

Während also in der Europäischen Wirtschafts- und Währungsunion eine einheitliche Währung gilt, müssen im Reise- und Geschäftsverkehr mit dem Währungsausland (z. B. Australien, China, Dänemark, Großbritannien, Japan, Kanada, Neuseeland, Polen, Russland, Schweden, Schweiz, Südafrika, USA) Währungsumrechnungen vorgenommen werden[1].

Beispiel

Grundlage dieser Umrechnungen sind die an den Währungsbörsen täglich festgestellten Währungskurse. In der Tageszeitung können Sie z. B. die Kursnotierungen des Euro für die Landeswährung USD (US-Dollar) mit 1,0868 lesen. Dieser Kurs bedeutet, dass

1 EUR den Gegenwert von 1,0868 USD repräsentiert[2].

Kurse für Sorten und Devisen

Die Kurse ausländischer Währungen bilden sich aufgrund von Angebot und Nachfrage. Als angebotene oder nachgefragte „Ware" gilt hierbei immer „1 EUR", auf den sich der „Preis" in ausländischen Währungseinheiten bezieht. Aus der Sicht der Banken, die die Ware „1 EUR" entweder nachfragen (= ankaufen) oder anbieten (= verkaufen) und daraus für sich auch einen Gewinn (= Kursgewinn) erzielen wollen, gibt es also zwei Kurse:

- einen **Ankaufskurs** (= Geldkurs), der beim Ankauf von 1 EUR zugrunde gelegt wird, und
- einen **Verkaufskurs** (= Briefkurs), der beim Verkauf von 1 EUR gilt.

Beispiel 1

Der Kunde Sander möchte für eine Reise in die USA bei seiner inländischen Bank die ausländische Währung USD erwerben. Die inländische Bank **kauft** also Euro an und verkauft dafür US-Dollar. Sie legt der Umrechnung den **Ankaufskurs** für 1 EUR zugrunde.

Beispiel 2

Der Kunde Sander bringt von seiner USA-Reise einen Restbetrag an USD zurück, den er seiner Bank übergibt. Die Bank **verkauft** also Euro gegen die ausländische Währung USD und legt diesem Geschäft den **Verkaufskurs** zugrunde.

Damit die Bank bei diesem Handel mit dem Euro einen Gewinn erzielen kann, liegen die **Verkaufskurse** für einen Euro immer **höher** als die **Ankaufskurse.** Sofern die Bank ausländische Banknoten und Münzen verkauft bzw. ankauft, sprechen wir von **Sorten.** Handelt die Bank mit ausländischen Zahlungsmitteln in Form von Buchgeld (Zahlungsanweisungen, Schecks), sprechen wir von **Devisen.**

Liegt einem Währungsgeschäft aus Sicht der Bank der Verkauf von Devisen (= Ankauf von EURO) zugrunde, spricht man von **Geldkurs.** Wenn der Kauf von Devisen (= **Verkauf** von Euro) gemeint ist, redet man vom Briefkurs. Entsprechend gilt, dass im Devisenhandel die **Briefkurse** immer **höher** liegen als die **Geldkurse.**

---

[1] *Währungskurse unterliegen ständigen und oft erheblichen Schwankungen. Kassakurse werden täglich an der Frankfurter Devisenbörse ermittelt. Aus Briefkurs und Geldkurs wird der Mittelwert bestimmt. Für die Bewertung von Fremdwährungsforderungen und -verbindlichkeiten am Abschlussstichtag ist der Devisenkassamittelkurs maßgebend (§ 256 a HGB).*

[2] *Kurs Juli 2015*

Für die wirtschaftlich bedeutenden Länder außerhalb der Europäischen Währungsunion werden amtliche Devisenkurse (Geld- und Briefkurse) und Sortenkurse täglich festgelegt.

Kurse

Die nachfolgende Tabelle zeigt beispielhaft die Devisen- und Sortenkurse für einige bedeutende Handels-/Industrieländer außerhalb der Europäischen Währungsunion auf der Grundlage von 1 EUR. Die Kurse sind einer Tageszeitung aus dem Juli 2015 entnommen.

Basis: 1 € / Land	Internat. Abkürzg.	Devisenkurse		Sortenkurse	
		Geld	Brief	Ankauf	Verkauf
Australien	AUD	1,4449	1,4939	1,3706	1,5806
Großbritannien	GBP	0,6944	0,6984	0,6575	0,7301
Japan	JPY	134,4200	134,9000	129,8599	140,4083
Kanada	CAD	1,4017	1,4137	1,3371	1,4971
Polen	PLN	4,0466	4,1866	3,6600	4,6400
Schweden	SKR	10,6213	10,7009	8,9332	10,0832
Schweiz	CHF	1,0410	1,0450	1,0069	1,0916
Republik Südafrika	ZAR	13,3204	13,6304	12,624	13,8544
Türkei	TRY	2,9205	2,9605	2,7886	3,1402
USA	USD	1,0808	1,0868	1,0200	1,1510

In der folgenden **Übersicht** finden Sie die Zusammenhänge aus der Sicht der Bank und aus der Sicht des Bankkunden am Beispiel der **Sortenkurse** für den USD dargestellt.

Beachten Sie, dass wir den heute üblichen Bezugspunkt „1 EUR" einnehmen:

Bankkunde	**Geldkurs (= Ankauf)**		**Briefkurs (= Verkauf)**	**Bankkunde**
	Bank			
Die Kundin verkauft an ihre Bank EURO.  Die Kundin kauft von ihrer Bank Fremdwährung.	Die Bank kauft von ihrer Kundin EURO. ⟶ Die Bank gibt ihr für **je 1 EUR 1,02 USD.** ⟵ Die Bank verkauft an ihre Kundin Fremdwährung.		Die Bank verkauft an ihren Kunden EURO. ⟶ Die Bank erhält von ihm für **je 1 EUR 1,151 USD.** ⟵ Die Bank kauft von ihrem Kunden Fremdwährung.	Der Kunde kauft von seiner Bank EURO.  Der Kunde verkauft an seine Bank Fremdwährung.

Zusammenfassung

- Die Kursnotierungen geben an, wie viel ausländisches Geld einem EURO entspricht.
- Aus der Sicht der Bank bedeutet der Ankaufskurs (Geldkurs), dass die Bank EURO ankauft, der Verkaufskurs (Briefkurs), dass die Bank EURO verkauft.

3.2 Ankauf und Verkauf von ausländischem Geld

3.2.1 Handel mit Sorten

Bürger der Europäischen Wirtschafts- und Währungsunion können

- für private und geschäftliche Zwecke über ihre Geldinstitute ausländisches Geld (= Sorten) erwerben oder
- ausländisches Geld in ihre Inlandswährung zurücktauschen lassen.

Die Umrechnung erfolgt dabei auf der Basis von **1 EUR.**

Im ersten Fall bedeutet das aus der Sicht des Geldinstituts:

Verkauf einer ausländischen Währung = **Ankauf** von Euro.

Im zweiten Fall bedeutet der Vorgang aus der Sicht des Geldinstituts:

Ankauf einer ausländischen Währung = **Verkauf** von Euro.

Entsprechend legt das Geldinstitut entweder den Ankaufs- oder den (höheren) Verkaufskurs für je 1 EUR zugrunde.

Beispiel 1

Für den Besuch der Modemesse in London will ein deutscher Geschäftsmann 3.000,00 EUR in englische Pfund (GBP) umtauschen. Die Tageskurse für GBP auf der Basis von 1 EUR lauten:

Ankauf: 0,6575; Verkauf: 0,7301.

Wie viel GBP bekommt er am Bankschalter?

Lösung

Der Euro-Betrag ist in GBP umzurechnen.

Der Verkauf von englischen Pfund bedeutet für die Bank, dass sie EURO **ankauft.** Also legt sie bei der Umrechnung den **Ankaufskurs** zugrunde

Dreisatz

1,00 EUR ~ 0,6575 GBP
3.000,00 EUR ~ x GBP

x GBP = 0,6575 · 3.000,00 = 1.972,50 GBP

Verhältnisgleichung

x GBP : 0,6575 GBP = 3,000,00 EUR : 1,00 EUR

x GBP = 0,6575 · 3.000,00 = 1.972,50 GBP

Zusammenfassung

Allgemein gilt: Verkauft die Bank ausländische Währung, so bedeutet das, dass sie EURO ankauft. Sie „zahlt“ dem Kunden für jeden angekauften EURO den Ankaufskurs:

Ausländischer Währungsbetrag = Ankaufskurs · EURO-Betrag

Aufgabe 20

a) Unterscheiden Sie die Begriffe „Devisenkurs“ und „Sortenkurs“ voneinander.

b) Unterscheiden Sie die Begriffe „Ankaufskurs“ und „Verkaufskurs“ voneinander.

c) Klären Sie folgenden vermeintlichen Widerspruch auf:
- In der obigen Tabelle (vgl. Seite 21) wird der Ankaufskurs für USD angegeben mit: 1 EUR ~ 1,0200 USD.
- In den Kurstabellen im Internet finden Sie auch die Beziehung: 1 USD ~ 0,9804 EUR.

Beispiel 2

Von einer Geschäftsreise in die Vereinigten Staaten von Amerika bringt ein Kaufmann einen Restbetrag von 380,00 USD mit, den er seinem Konto bei der Sparkasse gutschreiben lassen will. Die Kursnotierungen für 1 EUR lauten:

Ankauf 1,0200; Verkauf 1,1510.

Wie viel EUR schreibt die Bank gut?

Lösung

Der USD-Betrag ist in EURO umzurechnen.

In diesem Fall kauft die Bank ausländisches Geld an und verkauft Euro; sie legt den **Verkaufskurs** zugrunde.

Dreisatz

1,1510 USD ~ 1,00 EUR
380,00 USD ~ x EUR

x EUR = 380,00 : 1,1510 = 330,15 €

Verhältnisgleichung

x EUR : 1,00 EUR = 380,00 USD : 1,1510 USD

x € = 380,00 : 1,1510 = 330,15 €

Zusammenfassung

Allgemein gilt: Kauft die Bank ausländische Währungen an, so bedeutet das, dass sie EURO verkauft. Sie „zahlt“ dem Kunden für jeden verkauften EURO den **Verkaufskurs:**

EURO-Betrag = Ausländischer Währungsbetrag : Verkaufskurs

Die nachfolgenden Aufgaben sind jeweils ohne Bankgebühren auf der Grundlage der Kurstabelle von Seite 21 zu lösen.

Aufgabe 21

Wie ist zu rechnen, wenn ein Geschäftsmann den Betrag von 1.200,00 GBP bei seiner Bank in EURO eintauschen will? Wie viel EUR werden seinem Konto gutgeschrieben?

Aufgabe 22

Anlässlich der Tourismus-Messe in Genf tauscht ein deutscher Reiseveranstalter bei seiner Bank 3.000,00 EUR in CHF um.

Wie viel CHF erhält er?

Aufgabe 23

Für eine Geschäftsreise nach Kanada benötigt ein deutscher Kaufmann CAD. Bei seiner Bank tauscht er 5.500,00 EUR in CAD um.

Berechnen Sie den Dollarbetrag, den er für den EUR-Betrag erhält.

Aufgabe 24

Von einer Geschäftsreise nach Australien bringt ein Handelsvertreter einen Restbetrag von 1.240,00 AUD nach Deutschland mit. Diesen Betrag tauscht er bei seiner Bank in EUR um.

Berechnen Sie den EUR-Betrag, den ihm die Bank gutschreibt.

Aufgabe 25

Nach der Rückkehr von einem längeren Aufenthalt in der Republik Südafrika tauscht ein Urlauber einen Restbetrag von 840,00 ZAR bei seiner Bank in EUR um.

Wie viel EUR schreibt ihm die Bank gut?

Aufgabe 26

Ein deutscher Urlauber überlegt, ob es für ihn günstiger ist, wenn er für seine Reise in die Türkei bei seiner hiesigen Bank EURO in türkische LIRA umtauscht oder am Urlaubsort in einer Wechselstube EURO in TRY eintauscht. Die Wechselstube, so weiß er von einem Bekannten, verlangt für 100 TRY 34,72 EUR.

3.2.2 Handel mit Devisen

Für die Länder der Europäischen Wirtschafts- und Währungsunion erübrigt sich die Angabe von Devisenkursen.

Im Devisenverkehr zwischen Euro-Ländern und Nicht-Euro-Ländern werden amtliche Devisenkurse an den Devisenbörsen notiert und bei der Umrechnung in Euro zugrunde gelegt. Wichtig ist hierbei, dass die Kursangaben für 1 EUR gelten!

Beispiel 1

Ein deutscher Maschinenhändler liefert eine Kunststoffpresse an einen Kunden in Polen. Vereinbart ist, dass die Rechnung auf Zloty (PLN) ausgestellt werden soll.

Welchen Euro-Betrag schreibt die deutsche Bank dem Händler gut, wenn der polnische Kunde auf Grund der Rechnung 123.000,00 PLN überweist?

Lösung

Auf der Grundlage der Devisenkurse von Seite 21 (ohne Berücksichtigung von Bankgebühren) ist unter Anwendung des Briefkurses zu rechnen:

Dreisatz

4,1866 PLN ~ 1,00 EUR
123.000,00 PLN ~ x EUR

x EUR = 123.000,00 : 4,1866 = 29.379,45 €

Verhältnisgleichung

x EUR : 1,00 € = 123.000,00 PLN : 4,1866 PLN

x EUR = 123.000,00 : 4,1866 = 29.379,45 €

Beispiel 2

Ein deutsches Industrieunternehmen importiert aus der Schweiz eine Fräsmaschine zum Preis von netto 46.500,00 CHF. Vereinbart ist, dass die Rechnung CHF zu begleichen ist.

Mit welchem Euro-Betrag belastet die deutsche Bank das Konto des Händlers beim Rechnungsausgleich (ohne Bankgebühren)?

Lösung

Auf der Grundlage der Devisenkurse von Seite 21 (ohne Berücksichtigung von Bankgebühren) ist unter Anwendung des **Geldkurses** zu rechnen:

Dreisatz

1,0410 CHR ~ 1,00 EUR
46.500,00 CHR ~ x EUR

x EUR = 46.500,00 : 1.0410 = 44.668,59 €

Verhältnisgleichung

x EUR : 1,00 EUR = 46.500,00 CHF : 1,0410 CHF

x EUR = 46.500,00 : 1,0410 = 44.668,59 €

Aufgabe 27

Berechnen Sie den Bezugspreis in EUR aus folgendem Angebot:

Auf der Grundlage einer Mindestabnahme von 20 Geräten bietet ein amerikanischer Hersteller Tischkopierer zum Stückpreis von 1.650,00 USD an. Er gewährt 5 % Rabatt und bei Zahlung innerhalb von 20 Tagen 2 % Skonto. Als Frachtpauschale berechnet er für die Sendung 420,00 USD.

Aufgabe 28

Ein deutscher Exporteur liefert an einen Kunden in Japan eine automatische Schweißanlage. Vereinbarungsgemäß erfolgt die Rechnungsausstellung in japanischer Währung. Der Kunde überweist den Nettobetrag von 5.800.000,00 JPY.

Welchen Euro-Betrag schreibt die deutsche Bank dem Exporteur gut?

Aufgabe 29

Die Außenhandels-GmbH Braunschweig importiert elektronische Spielgeräte im Wert von netto 835.000,00 JPY aus Japan. Die Rechnung soll in JPY bezahlt werden.

Anschließend verkauft sie die Ware mit einem Aufschlagsfaktor von 1,45 % an einen Händler in Schweden. Die Rechnungsstellung erfolgt in schwedischen Kronen.

a) Mit welchem Eurobetrag belastet die Bank das Konto der Außenhandels-GmbH beim Import der Ware aus Japan?
b) Wie hoch ist der Rechnungsbetrag mit dem die Außenhandels-GmbH den schwedischen Kunden belastet?

4 Durchschnittsrechnung

Die Durchschnittsrechnung wird angewandt, wenn aus mehreren gegebenen Größen (Mengen, Geldbeträge) ein **Mittelwert** gebildet werden soll.

Anwendung

- Mittelwerte sind in der Bilanzauswertung und Statistik **charakteristische Stellvertreter** für viele gleiche Einzelerscheinungen (durchschnittlicher Verdienst, durchschnittlicher Umsatz, durchschnittliche Lagerdauer u. ä.).
- Bei der Bewertung des Vorratsvermögens zum Abschlussstichtag können gemäß § 240 [4] HBG gleichartige Vermögensgegenstände gruppenweise mit dem **gewogenen Durchschnittswert** angesetzt werden.
- Mittelwerte spielen auch dort eine Rolle, wo bei vorgegebenen Preisen und Mengen aus verschiedenen Waren (Schüttgütern, Flüssigkeiten) **Mischungen** hergestellt werden sollen (Gewürzmischung, Getreidemischung, Kaffeemischung, Müslimischung u. a.).

4.1 Einfacher Durschnitt (arithmetisches Mittel)

Beispiel

Um den Lagerumschlag der Warenbestände beurteilen zu können, wird der durchschnittliche Lagerbestand benötigt. Die Lagerbuchführung weist jeweils zum Monatsende des Geschäftsjahres 01 folgende Lagerbestände für eine bestimmte Ware aus:

Datum	Warenbestand	Datum	Warenbestand
1. Januar 01	97.000,00 €	30. Juni 01	85.500,00 €
31. Januar 01	102.500,00 €	31. Juli 01	69.000,00 €
28. Februar 01	101.500,00 €	31. August 01	72.500,00 €
31. März 01	98.000,00 €	30. September 01	76.000,00 €
30. April 01	92.500,00 €	31. Oktober 01	64.000,00 €
31. Mai 01	81.000,00 €	30. November 01	74.500,00 €
		31. Dezember 01	65.000,00 €

Lösung

Der Mittelwert ($\overline{x}$), der die Schwankungen des Warenbestandes während des ganzen Jahres ausgleicht, ergibt sich, wenn der Inventurbestand zum 1. Januar 01 und die zwölf Monatsendbestände addiert und durch die Anzahl der Posten (hier: 13) dividiert werden:

durchschnittlicher Lagerbestand $\bar{x} = \frac{97.000 + 102.500 + ... + 65.000}{13} =$

$\bar{x} = \frac{1.079.000{,}00 €}{13} = \mathbf{83.000{,}00 €}$

Sofern nur die Inventurwerte am 1. Januar und am 31. Dezember vorliegen, lässt sich der durchschnittliche Lagerbestand vereinfacht so berechnen:

durchschnittlicher Lagerbestand $\bar{x} = \frac{97.000{,}00 € + 65.000{,}00 €}{2} =$

$\bar{x} = \frac{162.000{,}00 €}{2} = \mathbf{81.000{,}00 €}$

In dieser vereinfachten Rechnung sind die während des Jahres aufgetretenen Schwankungen der Lagerbestände nicht berücksichtigt. Der Mittelwert weicht deshalb von dem zuvor berechneten Wert ab.

Zusammenfassung

Der einfache Durchschnitt (= arithmetisches Mittel) errechnet sich nach der Gleichung:

$\bar{x} = \frac{\textbf{Summe der Einzelgrößen}}{\textbf{Anzahl der Einzelgrößen}}$ oder $\bar{x} = \frac{a_1 + a_2 + ... + a_n}{n}$

Aufgabe 30

Der Börsenkurs der XY-AG zeigt im Laufe einer Woche an fünf Börsentagen folgende Notierungen:

30,84 – 30,36 – 30,18 – 30,73 – 31,21.

Berechnen Sie den Durchschnittskurs der Aktie für die betreffende Woche.

Aufgabe 31

Ein Großhandelsunternehmen hatte in den ersten sechs Monaten des laufenden Geschäftsjahres folgenden Personalbestand:

Monat	Abt. Verwaltung	Abt. Verkauf	Abt. Lager
Januar	12	40	8
Februar	12	38	8
März	10	35	7
April	10	36	7
Mai	14	41	8
Juni	14	44	10

Berechnen Sie, wie viele Arbeitnehmer durchschnittlich in den einzelnen Abteilungen und insgesamt im Unternehmen beschäftigt waren.

Aufgabe 32

Nachstehend sind die durchschnittlichen Bruttomonatsverdienste von Arbeitnehmern in ausgewählten Wirtschaftsbereichen dargestellt:

Wirtschaftsbereiche	durchschnittliche Bruttoverdienste
Energiewirtschaft	2.051,00 €
Bergbau	2.036,00 €
Produktionsgüterindustrie	2.024,00 €
Baugewerbe	1.860,00 €
Banken/Versicherungen	2.456,00 €
Handel	1.783,00 €
Land- und Forstwirtschaft	1.579,00 €

Berechnen Sie den Durchschnittsverdienst der Arbeitnehmer insgesamt.

Aufgabe 33

Die Planungen der Bildungsmesse Köln sehen vor, dass in der ersten Messewoche täglich durchschnittlich 35 000 Besucher die Messestände besuchen werden. Tatsächlich sind in der ersten Woche folgende Besucher gezählt worden:

Tag	Besucher	Tag	Besucher
Montag	37 240	Donnerstag	31 437
Dienstag	32 435	Freitag	32 834
Mittwoch	34 756	Samstag	43 745

Wurde die geplante Zahl von durchschnittlich 35 000 Besuchern/Woche erreicht?

4.2 Gewogener Durchschnitt (gewogenes arithmetisches Mittel)

Beispiel 1

In der Großhandlung Kern beträgt der Lagerbestand an Küchenpapier am 1. Januar 25 000 Doppelrollen zu je 1,04 €. Am 15. März werden 20 000 Doppelrollen zum Einstandspreis von 1,07 € je Doppelrolle auf Lager genommen.

Für die Kalkulation ist der durchschnittliche Einstandspreis zu berechnen.

Menge	Einzelpreis	Gesamtpreis
25 000 Doppelrollen	· 1,04 € =	26.000,00 €
20 000 Doppelrollen	· 1,07 € =	21.400,00 €
45 000 Doppelrollen	=	47.400,00 €

Lösung

Die Summe der Gesamtpreise wird durch die Gesamtmenge geteilt.

47.400,00 € : 45.000 = 1,053 €

Der durchschnittliche Preis beträgt 1,053 € je Doppelrolle. Sowohl die Menge als auch der Einzelpreis haben Einfluss auf den Durchschnittspreis.

Beispiel 2

Nach § 240 HGB ist die Bewertung von gleichartigen Gegenständen des Vorratsvermögens nach dem gewogenen Durchschnittswert zulässig.

Im Unternehmen Elektro Groß GmbH ist zum Abschlussstichtag 31.12. ein elektronischer Schalter zu bewerten. Folgende Daten liegen vor:

Veränderung/ Datum		Menge (Stück)	Anschaffungs-kosten je Stück	Gesamtwert
Anfangsbestand	01.01.	1 000	· 5,00 € =	5.000,00 €
Zugang	10.01.	2000	· 6,00 € =	12.000,00 €
Zugang	15.07.	4000	· 6,50 € =	26.000,00 €
Zugang	20.12.	600	· 7,00 € =	4.200,00 €
Anschaffungsmenge gesamt		7600		47.200,00 €

Lösung

Die durchschnittlichen Anschaffungskosten betragen:

47.200,00 € : 7 600 Stück = **6,21 €** je Schalter.

In diesem Fall ist der errechnete Wert mit dem Tageswert zu vergleichen. Die Inventurmenge ist dann mit dem niedrigeren Wert von beiden zu bewerten (= strenges Niederstwertprinzip!).

Zu genauen Bewertungen führt die sog. **permanente Ermittlung des Durchschnittswertes.** Bei ihr werden laufend (= permanent) nach jedem Lagerzugang und jedem Lagerabgang die durchschnittlichen Anschaffungskosten ermittelt. Nach der letzten Lagerbestandsveränderung erhält man zum Abschlussstichtag die durchschnittlichen Anschaffungskosten des Endbestandes.

Beispiel 3

Das Beispiel 2 wird im Sinne der permanenten Ermittlung des Durchschnittswertes fortgeführt:

Veränderungen	Datum	Menge	Stückpreis	Gesamtwert
Anfangsbestand	01.01.	1 000	5,00 €	5.000,00 €
+ Zugang	10.01.	2000	6,00 €	12.000,00 €
= Bestand	11.01.	3000	5,67 €	17.000,00 €
– Abgang	13.06.	1 800	5,67 €	10.206,00 €
= Bestand	14.06.	1 200	5,66 €	6.794,00 €
+ Zugang	15.07.	4000	6,50 €	26.000,00 €
= Bestand	16.07.	5200	6,31 €	32.794,00 €
– Abgang	17.09.	3800	6,31 €	23.978,00 €
= Bestand	18.09.	1 400	6,30 €	8.816,00 €
+ Zugang	20.12.	600	7,00 €	4.200,00 €
= Schlussbestand	31.12.	2000	6,51 €	13.016,00 €

Lösung

In diesem Fall weicht der errechnete Durchschnittspreis mit **6,51 €** je Schalter deutlich von der Rechnung in Beispiel 2 mit **6,21 €** je Schalter ab. Das liegt daran, dass hier mit angenommenen Lagerabgängen gerechnet wurde, die im obigen Beispiel 2 unberücksichtigt blieben.

Beispiel 4

In einer Kaffeerösterei wird eine Kaffeemischung aus den Sorten Arabica, Robusta und Blue Moutain hergestellt. Zur Wahrung der gleichbleibenden Qualität werden sie im Verhältnis 12 : 9 : 2 gemischt. Es ist der gewogene Durchschnittspreis je kg der Mischung zu berechnen.

Kaffeesorte	Menge	Preis je kg	Gesamtpreis
Arabica	120 kg	2,25 €	270,00 €
Robusta	90 kg	2,45 €	220,50 €
Blue Mountain	20 kg	4,30 €	86,00 €
Mischung	230 kg		576,50 €

Lösung

Der Nettopreis je kg der Mischung beträgt 576,50 € : 230 kg = **2,51 €/kg.**

Durch das Rösten verringert sich die verkaufsfertige Menge auf 203 kg. Der durchschnittliche Nettopreis erhöht sich dadurch auf

576,50 € : 203 kg = **2,84 €/kg.**

Beispiel 5

Aus den beiden Kaffeesorten Arabica, Preis je kg 2,25 €, und Robusta, Preis je kg 2,45 €, soll eine Mischung hergestellt werden, die aus Konkurrenzgründen zum Preis von 2,40 €/kg verkauft werden soll.

Wie lautet das Mischungsverhältnis der beiden Sorten?

Lösungsweg

Das Mischungsverhältnis ist so zu wählen, dass über die eingesetzten Mengen der Gewinn je kg der einen Sorte und der Verlust je kg der anderen Sorte ausgeglichen werden. Das geschieht, indem die Preisabstände in ein umgekehrtes Mengenverhältnis umgewandelt werden.

Lösung

Sorte	Preis je kg	Gewinn (+) Verlust (–) Je kg	ganzzahlig gekürzte Preisabstände	Mischungsverhältnis der Mengen	Gewinn-/ Verlust-Ausgleich
Arabica	2,25 €	(+) 0,15 €	15 → 3	· 1 =	(+) 0,15 €
Mischung	2,40 €				
Robusta	2,45 €	(–) 0,05 €	5 → 1	· 3 =	(–) 0,15 €

Das Mischungsverhältnis 1: 3 besagt, dass jeweils 1 kg Arabica mit jeweils 3 kg Robusta zu mischen sind, um die Mischung zu dem gewünschten Preis anbieten zu können:

1 kg · 2,25 €/kg + 3 kg · 2,45 €/kg = 9,60 €/4 kg. 1 kg der Mischung kostet also 9,60 € : 4 kg = 2,40 €/kg.

Zusammenfassung

Der gewogene Durchschnitt (= gewogenes arithmetische Mittel) errechnet sich nach der Gleichung:

$$\bar{x} = \frac{\textbf{gewogene Summe der Einzelgrößen}}{\textbf{Summe der Einzelgrößen}} \quad \text{oder}$$

$$\bar{x} = \frac{a_1 \cdot b_1 + a_2 \cdot b_2 + a_3 \cdot b_3 + \ldots + a_n \cdot b_n}{a_1 + a_2 + a_3 + \ldots + a_n}$$

Aufgabe 34

Für die Sammelbewertung von Elektromotoren zum Abschlussstichtag stehen folgende Angaben zur Verfügung:

Lagerbewegung	Datum	Stückpreis	Menge
Anfangsbestand	01.01.	45,00 €	2000 Motoren
Zugang	10.02.	50,00 €	3000 Motoren
Zugang	10.08.	55,00 €	2000 Motoren
Zugang	12.10.	58,00 €	1500 Motoren

Bestimmen Sie zum Abschlussstichtag die durchschnittlichen Anschaffungskosten je Stück.

Aufgabe 35

Eine Textilgroßhandlung will ihren Kunden folgende Restposten zum durchschnittlichen Preis anbieten:

Artikel	Einzelpreis	Stückzahl
Damenbluse Arnika	22,00 €	250
Damenbluse Steffi	26,00 €	300
Damenbluse Veronika	28,00 €	180
Damenbluse Siri	32,00 €	120

Berechnen Sie den Durchschnittspreis.

Aufgabe 36

Ein Baustoffmarkt erteilt im 1. Quartal 01 für eine bestimmte Zementsorte folgende Bestellungen bei unterschiedlichen Lieferern:

Datum	Einzelpreis	Menge
12.01.	4,80 €/kg	3500 kg
02.02.	4,90 €/kg	3800 kg
23.02.	4,60 €/kg	4200 kg
12.03.	4,75 €/kg	3200 kg

Berechnen Sie den durchschnittlichen Einkaufspreis.

Aufgabe 37

Der Inhaber des Unternehmens „Tee-Spezial“ mischt für einen Kunden vier Teesorten:

Sorte	Preis	Menge
Assam Broken	5,20 €/100 g	300 g
Assam Mangalan	7,20 €/100 g	250 g
Ceylon Premium	4,50 €/100 g	300 g
Darjeeling First Flush	9,50 €/100 g	150 g

Zu welchem Durchschnittspreis kann er die Mischung verkaufen?

5 Verteilungsrechnung

Gegenstand der Verteilungsrechnung ist die Aufteilung einer gegebenen Größe in gleiche oder ungleiche Teilgrößen. Es kann Schwierigkeiten oder unangemessen hohen Aufwand bereiten, geeignete Verteilungsschlüssel zu finden. In diesem Fall sollte die gerechte oder wirtschaftlich vernünftige Aufteilung angestrebt werden.

Anwendung

Anwendungsbereiche der Verteilungsrechnung sind vor allem:

- Aufteilung eines Geldbetrages auf mehrere Personen, z. B. Prämienverteilung unter mehrere Verkäufer oder Vertreter, Gewinnverteilung in einer Personengesellschaft, Umlegung von Haus- und Grundstücksaufwendungen auf Mieter.
- Aufteilung von Kosten auf Waren oder Kostenstellen, z. B. Aufteilung von Bezugskosten auf mehrere Waren oder Warengruppen zur Ermittlung des Bezugspreises, Aufteilung von Kosten zur Kostenkontrolle auf die Stellen im Betrieb, in denen die Kosten verursacht wurden.

Die Lösung von Verteilungsaufgaben kann auf der Grundlage des Dreisatzes mit proportionalen Beziehungen oder über die Verhältnisgleichung erfolgen.

5.1 Verteilung mit unterschiedlichen Verteilungsschlüsseln

Beispiel 1

Die Papiergroßhandlung Kern bezieht von dem Papierhersteller Krögel KG in einer Sendung 5 Paletten Druckpapier 80 g/m², 7 Paletten Kopierpapier 70 g/m² und 9 Paletten Kopierpapier 80 g/m². Die dabei anfallenden Frachtkosten in Höhe von insgesamt 714,00 € sollen den einzelnen Papiersorten nach der Anzahl der Paletten zugeordnet werden.

Papiersorte	Paletten	Frachtkosten
Druckpapier 80 g/m²	5 Paletten	
Kopierpapier 70 g/m²	7 Paletten	
Kopierpapier 80 g/m²	9 Paletten	
		714,00 €

Lösungsweg

1. Ermitteln Sie die Gesamtanzahl an Paletten (vgl. braun unterlegte Fläche). Zwischen dieser Größe (21 Paletten) und den gesamten Frachtkosten (714,00 €) besteht eine proportionale Beziehung.
2. Berechnen Sie mithilfe der Verhältnisgleichung oder des Dreisatzes die Frachtkostenanteile der einzelnen Papiersorten.

Lösung

Frachtkostenanteil Druckpapier 80 g/m^2:

Dreisatz

21 Paletten ~ 714,00 €
5 Paletten ~ x €

$$x\,€ = \frac{714{,}00\,€ \cdot 5\text{ Paletten}}{21\text{ Paletten}} = \mathbf{170{,}00\,€}$$

Verhältnisgleichung

x € : 714,00 € = 5 Paletten : 21 Paletten

$$x\,€ = \frac{714{,}00\,€ \cdot 5\text{ Paletten}}{21\text{ Paletten}} = \mathbf{170{,}00\,€}$$

Auf entsprechende Weise werden die Frachtkostenanteile der übrigen Papiersorten berechnet (zur Kontrolle 238,00 €, 306,00 €).

Beim Einsatz von Taschenrechnern empfiehlt es sich, zur Vereinfachung der Lösung den Wert je Einheit (714,00 € : 21 Pal. = 34,00 €/Pal.) auszurechnen und abzuspeichern, sodass anschließend nur noch nacheinander mit den Größen 5 Paletten, 7 Paletten und 9 Paletten multipliziert werden muss, um die jeweiligen Frachtkostenanteile zu erhalten. Die mehrfache Aufstellung von Lösungsgleichungen entfällt damit.

Beispiel 2

Die Papiergroßhandlung Kern bezieht in einer nachfolgenden Sendung Papiere unterschiedlicher Qualität. Wegen der dadurch bedingten Preisunterschiede sollen die Frachtkosten in Höhe von insgesamt 987,00 € nicht nach der Anzahl der Paletten, sondern nach dem Wert der Papiersorten (Einkaufspreise) verteilt werden. Der Rechnung des Lieferanten sind folgende Einkaufspreise entnommen:

- Druckpapier, Einkaufspreis 45.000,00 €,
- Kopierpapier, Einkaufspreis 60.000,00 €,
- Umschlagkarton, Einkaufspreis 36.000,00 €.

Lösungsweg

1. Für die Lösung empfiehlt es sich, die Größen aus der Aufgabe wiederum in ein Lösungsschema einzutragen.
2. Zwischen den Einkaufspreisen und den Frachtkosten bestehen proportionale Beziehungen.
3. Die Rechnung lässt sich dadurch vereinfachen, dass nicht die Einkaufspreise selbst zu den Frachtkosten in Beziehung gesetzt werden, sondern die – so weit wie möglich – gekürzten Einkaufspreise: Im Beispiel lassen sich die Einkaufspreise durch 3 000 kürzen; das schafft übersichtliche Zahlen, verändert aber nicht die Verhältnisse.

Papiersorten	Einkaufspreise	Kürzung um	Gekürzte Einkaufspreise (= Anteile)	Frachtkosten
Druckpapier	45.000,00 €	: 3 000 =	15 Anteile	315,00 €
Kopierpapier	60.000,00 €	: 3 000 =	20 Anteile	420,00 €
Umschlagkarton	36.000,00 €	: 3 000 =	12 Anteile	252,00 €
			47 Anteile	987,00 €

Lösung

Frachtkostenanteil Druckpapier:

Dreisatz

47 Anteile ~ 987,00 €
15 Anteile ~ x €

$$\text{x €} = \frac{987{,}00 \cdot 15 \text{ Anteile}}{47 \text{ Anteile}} = \mathbf{315{,}00\ €}$$

Verhältnisgleichung

x € : 987,00 € = 15 Anteile : 47 Anteile

$$\text{x €} = \frac{987{,}00\ € \cdot 15 \text{ Anteile}}{47 \text{ Anteile}} = \mathbf{315{,}00\ €} \text{ Frachtkosten}$$

Beispiel 3

Die Papiergroßhandlung Kern beschäftigt u. a. die vier Mitarbeiter Arnold, Bertram, Christ und Dommer im Außendienst. Diese Mitarbeiter erhalten zusätzlich zu ihrem Gehalt eine jährliche Umsatzprämie. Unter Berücksichtigung der im Geschäftsjahr vermittelten Umsätze und des zu betreuenden Kundenkreises soll die Prämie so verteilt werden, dass Arnold $^3/_8$, Bertram $^1/_4$, Christ $^1/_5$ und Dommer den Rest (= x) erhalten. Zum Ende des laufenden Jahres soll eine Prämie von 15.000,00 € verteilt werden.

Wie viel Euro Prämie erhält jeder Mitarbeiter?

Lösungsweg

1. Bestimmung des fehlenden Anteils von Dommer:

Der Verteilungsschlüssel ist in diesem Beispiel durch die Bruchzahlen (Anteile) vorgegeben. Zu bestimmen ist der Anteil (die Bruchzahl) für den Mitarbeiter Dommer.

Die Summe der Anteile ist ein Ganzes oder auch „1“.

Anteile der Mitarbeiter

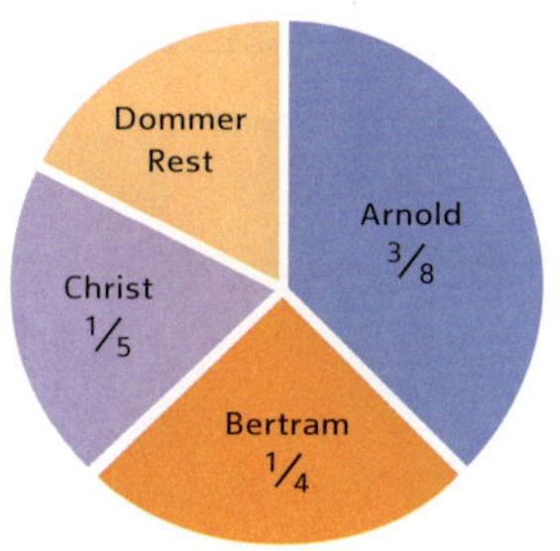

Der Anteil, den Dommer erhalten soll, wird mit „x“ bezeichnet. Es gilt also die Gleichung

$$\frac{3}{8} + \frac{1}{4} + \frac{1}{5} + x = 1$$

Um den Anteil von Dommer zu berechnen, ist es erforderlich, die unterschiedlichen Nenner **gleichnamig** zu machen. Das geschieht, indem man den Hauptnenner bestimmt. Der **Hauptnenner** ist das **kleinste gemeinsame Vielfache** aller vorkommenden Nenner.

In diesem Fall lautet der Hauptnenner **40.** Er wird durch Multiplikation aus den beiden Nennern 5 und 8 gebildet (5 · 8 = 40).

Die auf den Hauptnenner erweiterten Brüche lauten:

$\frac{15}{40}, \frac{10}{40}, \frac{8}{40}.$

Sie ergeben zusammen mit dem Anteil von Dommer das **Ganze,** also **1** oder $\mathbf{\frac{40}{40}}$

Es gilt also die Gleichung:

$$\frac{15}{40} + \frac{10}{40} + \frac{8}{40} + x = 1 = \frac{40}{40}.$$

$$\leftrightarrow$$

$$x = \frac{40}{40} - \frac{15}{40} - \frac{10}{40} - \frac{8}{40} = \frac{7}{40}.$$

Dommer hat also einen Anspruch auf einen Anteil von $\mathbf{\frac{7}{40}}$ der Umsatzprämie.

2. Umwandlung der gleichnamigen Brüche in ganze Zahlen:
   Multipliziert man die obige Bruchgleichung mit dem Hauptnenner 40, so erhält man einen ganzzahligen Verteilungsschlüssel, der die Rechnung vereinfacht, ohne die Verhältnisse zu verändern:

   $15 + 10 + 8 + 7 = 40.$

Mitarbeiter	**Anteile an der Prämie**	**Gleichnamige Brüche (HN 40)**	**Verteilungsschlüssel**	**Prämie**
Arnold	$^3/_8$	$^{15}/_{40}$ 40 =	15	5.625,00 €
Bertram	$^1/_4$	$^{10}/_{40} \cdot 40 =$	10	3.750,00 €
Christ	$^1/_5$	$^8/_{40} \cdot 40 =$	8	3.000,00 €
Dommer	x	$^7/_{40} \cdot 40 =$	7	2.625,00 €
		$^{40}/_{40} \cdot 40 =$	40	15.000,00 €

Lösung

Prämienanteil Arnold:

Dreisatz

40 Anteile ~ 15.000,00 €
15 Anteile ~ x €

$$x\,€ = \frac{15.000{,}00 \cdot 15 \text{ Anteile}}{40 \text{ Anteile}} = 5.625{,}00\,€$$

Verhältnisgleichung

x € Prämie : 15.000,00 € Prämie = 15 Anteile : 40 Anteile

$$x\,€ = \frac{15.000{,}00\,€ \cdot 15 \text{ Anteile}}{40 \text{ Anteile}} = 5.625{,}00\,€ \text{ Prämie}$$

Die Anteile der übrigen Mitarbeiter lassen sich entsprechend berechnen. Beachten Sie auch hier, dass Sie die Rechnung ohne einzelne Verhältnisgleichungen oder Dreisätze durchführen können, wenn Sie den Wert je Einheit (15.000,00 € : 40 = 375,00 €) im Taschenrechner abspeichern und nacheinander mit den Zahlen des Verteilungsschlüssels (15, 10, 8, 7) multiplizieren.

Beispiel 4

Aufgrund einer Veränderung der Betreuungsgebiete erhalten im darauf folgenden Jahr Arnold $\frac{3}{10}$, Bertram $\frac{1}{4}$, Christ $\frac{1}{5}$ und Dommer den Prämienrest in Höhe von 4.000,00 €.

Wie viel Euro Prämie erhalten die übrigen Mitarbeiter?

Lösungsweg

In diesem Beispiel ist über das Gleichnamigmachen der Brüche (Hauptnenner 20) und das Ergänzen zu 1 (= $\frac{20}{20}$) der Anteil von Dommer zu berechnen. Dieser Anteil beträgt 5/20 bzw. 5 Anteile und steht in proportionaler Beziehung zu 4.000,00 €.

Mitarbeiter	Anteile an der Prämie	Gleichnamige Brüche (HN 20)	Verteilungsschlüssel	Prämie
Arnold	$^3/_{10}$	$^6/_{20} \cdot 20 =$	6	4.800,00 €
Bertram	$^1/_4$	$^5/_{20} \cdot 20 =$	5	4.000,00 €
Christ	$^1/_5$	$^4/_{20} \cdot 20 =$	4	3.200,00 €
Dommer	x	$^5/_{20} \cdot 20 =$	5	4.000,00 €
		$^{20}/_{20} \cdot 20 =$	20	16.000,00 €

Zusammenfassung

Bei der Verteilung eines Geldbetrages auf mehrere Teilgrößen stellen die Teilgrößen den Verteilungsschlüssel dar. Es ist zu prüfen, ob durch Kürzen oder Erweitern (bei Brüchen) die Rechnung vereinfacht werden kann.

5.2 Verteilung unter Berücksichtigung von Sondervergütungen

Gewinnverteilung

Bei Personengesellschaften (z. B. Kommanditgesellschaften) steht der erwirtschaftete Gewinn den Gesellschaftern zu. Den Teilhaftern einer Kommanditgesellschaft wird der Gewinnanteil ausgezahlt; der Gewinnanteil des Vollhafters wird seiner Kapitaleinlage zugeschrieben.

Sondervergütung

In der Kommanditgesellschaft erbringt der Vollhafter in der Regel eine größere Arbeitsleistung als der Teilhafter, zudem trägt er das höhere unternehmerische Risiko. Hierfür steht ihm eine besondere Vergütung zu.

Beispiel

An einer Kommanditgesellschaft (KG) sind drei Gesellschafter beteiligt, und zwar der Vollhafter Albrecht mit 120.000,00 €, der Teilhafter Becker mit 100.000,00 € und der Teilhafter Dunker mit 80.000,00 €. Vereinbarungsgemäß soll der erwirtschaftete Jahresgewinn im Verhältnis der Kapitalanteile auf die Gesellschafter verteilt werden. Zum Jahresende betrug der Gewinn 210.000,00 €. Bei der Gewinnverteilung ist zu beachten, dass der Vollhafter Albrecht eine Sondervergütung für geleistete Mehrarbeit in Höhe von 15.000,00 € aus dem Jahresgewinn vorab erhalten soll.

Wie viel Euro Gewinn stehen jedem Gesellschafter zu?

Lösungsweg

1. Die Lösung lässt sich übersichtlich in einem Lösungsschema darstellen, in das zunächst die in der Aufgabe enthaltenen Größen eingetragen werden.
2. Die Sondervergütung steht dem Gesellschafter Albrecht zu; sie ist vorab vom zu verteilenden Gesamtgewinn zu subtrahieren und wird dem Gewinnanteil des Gesellschafters Albrecht zugerechnet.
3. Zur Verteilung im Verhältnis der Kapitaleinlagen gelangt nur der um die Sondervergütung verminderte Gewinn.

Gesellschafter	Kapitaleinlagen	Gekürzte Kapitaleinlagen	Sondervergütung	Gewinnanteile vom Restgewinn	Gewinnanteile insgesamt
Albrecht	120.000,00 €	6	15.000,00 €	78.000,00 €	93.000,00 €
Becker	100.000,00 €	5	0,00 €	65.000,00 €	65.000,00 €
Dunker	80.000,00 €	4	0,00 €	52.000,00 €	52.000,00 €
			15.000,00 €	195.000,00 €	210.000,00 €
		15	~	195.000,00 €	

Nach Abzug der Sondervergütung verbleibt ein Restgewinn von 195.000,00 €, der entsprechend der gekürzten Kapitaleinlagen anteilsmäßig auf die Gesellschafter zu verteilen ist.

Lösung

Der Gewinnanteil des Vollhafters Albrecht beträgt also:

Dreisatz

15 Anteile ~ 195.000,00 €
6 Anteile ~ x €

$$x\text{ €} = \frac{195.000{,}00\text{ €} \cdot 6\text{ Anteile}}{15\text{ Anteile}} = 78.000{,}00\text{ € Restgewinnanteil}$$

+ Sondervergütung	15.000,00 €
= Gewinnanteil Albrecht	93.000,00 €

Verhältnisgleichung

x € : 195.000,00 € = 6 Anteile : 15 Anteile

$$x\text{ €} = \frac{195.000{,}00\text{ €} \cdot 6\text{ Anteile}}{15\text{ Anteile}} = 78.000{,}00\text{ € Restgewinnanteil}$$

+ Sondervergütung	15.000,00 €
= Gewinnanteil Albrecht	93.000,00 €

Die Gewinnanteile der übrigen Gesellschafter werden entsprechend berechnet.

Zusammenfassung

Bei Gewinnverteilungen in Personengesellschaften sind unter Umständen Sondervergütungen zu berücksichtigen. Sie werden vom zu verteilenden Gewinn vorab subtrahiert und dem Gewinnanteil des betreffenden Gesellschafters zugerechnet.

Aufgabe 38

Eine Großhandlung verteilt eine Umsatzprämie von 42.750,00 € an vier Außendienstmitarbeiter Abel, Berger, Czernik und Dick im Verhältnis 3 : 7 : 4 : 5.

Wie viel € Prämie erhält jeder Mitarbeiter?

Aufgabe 39

Die in Aufgabe 38 genannte Umsatzprämie soll im Verhältnis der vermittelten Umsätze verteilt werden. Abel erzielte einen Umsatz in Höhe von 297.500,00 €, Berger in Höhe von 382.500,00 €, Czernik in Höhe von 255.000,00 € und Dick in Höhe von 510.000,00 €.

Wie viel € Prämie erhält jeder Mitarbeiter?

Aufgabe 40

Eine Holzgroßhandlung in Köln erhält eine Schiffsladung Bretter unterschiedlicher Qualität:

2000 m^2 Schaltafeln, Kiefer, Einkaufswert	10.500,00 €,
3000 m^2 Profilbretter, Tanne, Einkaufswert	16.500,00 €,
1600 m^2 Dielenbretter, Buche, Einkaufswert	25.200,00 €.

Die anfallenden Nebenkosten für Transport und Versicherung sollen wie folgt verteilt werden: Die Transportkosten in Höhe von 2.145,00 € werden entsprechend der gelieferten Mengen verteilt, die Transportversicherung von 1.305,00 € ist dem Wert nach zu verteilen.

Wie hoch ist der Bezugspreis (= Einkaufspreis einschließlich Nebenkosten) für je 1 m^2 der gelieferten Bretter?

Aufgabe 41

Die in einem Monat insgesamt angefallenen Energiekosten (Strom, Heizung) in Höhe von 6.175,00 € sollen im Verhältnis 2 : 8 : 3 : 6 auf die vier Hauptabteilungen eines Großhandelsbetriebes (Einkauf, Lagerhaltung, Verwaltung, Verkauf) verteilt werden.

Wie viel € Kosten hat jede Abteilung zu übernehmen?

Aufgabe 42

Anlässlich eines Stadtfestes beteiligen sich fünf Einzelhändler an einer gemeinsamen Werbeaktion, deren Kosten insgesamt 5.520,00 € betragen. Die Einzelhändler vereinbaren, die Kosten nach folgenden Bruchteilen zu verteilen: A zahlt $\frac{1}{6}$, B $\frac{1}{5}$, C $\frac{1}{4}$, D $\frac{3}{10}$ und E den Rest.

Wie viel € hat jeder Einzelhändler zu tragen?

Aufgabe 43

An der Erstellung einer Lagerhalle sind drei Unternehmen maßgeblich beteiligt: Unternehmen A ist zuständig für den Rohbau, Unternehmen B für den Innenausbau, Unternehmen C für die Installation. Der Bauherr verspricht für die vorzeitige Fertigstellung eine „Erfolgsprämie“ in Höhe von 48.000,00 €. Die drei Unternehmen vereinbaren eine Verteilung nach dem vermutlichen Arbeitsvolumen. A legt 240 Stunden zugrunde, B 185 Stunden und C 215 Stunden.

Wie viel € der Prämie entfallen auf jedes Unternehmen?

Aufgabe 44

Aus einem Gelegenheitsgeschäft, an dem drei Unternehmer beteiligt sind, ergaben sich Aufwendungen in Höhe von 360.000,00 € und Erträge in Höhe von 524.000,00 €. Der Überschuss soll im Verhältnis der Kapitalbeteiligungen verteilt werden, wobei zu berücksichtigen ist, dass der Unternehmer A aufgrund seiner Geschäftsführung vorab eine Zuwendung in Höhe von 28.000,00 € erhalten soll.

Wie hoch sind die Gewinnanteile der einzelnen Unternehmer, wenn A eine Kapitaleinlage von 52.000,00 €, B von 63.000,00 € und C von 45.000,00 € geleistet hatten?

6.1 Grundlagen der Prozentrechnung

6.1.1 Prozentrechnung als Bruchrechnung

Die Prozentrechnung ist eine Rechnung mit Dezimalbrüchen, bei der in der Regel ausgehend von einem Ganzen (= **Grundwert**) ein bestimmter Bruchteil (= **Prozentwert**) zu berechnen ist. Wie groß der Prozentwert sein soll, gibt der **Prozentsatz** an. „Prozent" kommt vom italienischen „pro centum" und bedeutet „von Hundert". Der Prozentsatz ist also immer ein Bruch mit dem **Nenner 100!** Abgekürzt wird „Prozent" mit dem Zeichen „%".

Prozentsatz	geschrieben als Bruch mit dem Nenner 100	geschrieben als Dezimalbruch
3 %	$\frac{3}{100}$	0,03
25 %	$\frac{25}{100}$	0,25
120 %	$\frac{120}{100}$	1,2
100 %	$\frac{\mathbf{100}}{\mathbf{100}}$	**1**

Der **Grundwert,** von dem ein Bruchteil (= Prozentwert) zu berechnen ist, entspricht **immer 100 %** (= $^{100}/_{100}$ = **1**).

Beispiel

Beim Kauf eines Flachbildschirms, der mit 330,00 € ausgezeichnet ist und der als Vorführgerät benutzt wurde, gewährt der Verkäufer einen Nachlass von 15 %.

Wie viel Euro beträgt der Nachlass und wie viel Euro hat der Kunde zu zahlen?

Lösungsweg

Für die Lösung dieser Aufgabe bieten wir Ihnen drei Lösungsansätze an, die Sie je nach Aufgabenstellung und Vorwissen einsetzen können.

Lösung über die Bruchrechnung (Dezimalbruch)

Zu berechnen sind

15 % von 330,00 € oder

0,15 von 330,00 € ↔ 0,15 · 330,00 € = **49,50 €**

Der Käufer erhält einen Nachlass von 49,50 €; er hat also 280,50 € zu zahlen.

Lösung über den Dreisatz

100 %	~	330,00 €
15 %	~	x €

$$x\,€ = \frac{330{,}00\,€ \cdot 15\,\%}{100\,\%} = 330{,}00\,€ \cdot 0{,}15 = \mathbf{49{,}50\,€} \qquad \text{(mit } 100\,\% = 1\text{)}$$

Der Käufer erhält einen Nachlass von 49,50 €; er hat also 280,50 € zu zahlen.

Lösung über die Verhältnisgleichung

Ein mathematisches Verhältnis stellt eine Beziehung zwischen zwei **gleich benannten** Größen her. Die beiden Größen werden durch das Divisionszeichen voneinander getrennt:

a *verhält sich* zu b $\leftrightarrow$ a : b

In einer **Verhältnisgleichung** werden zwei wertgleiche Verhältnisse durch das Gleichheitszeichen verbunden. In der Verhältnisgleichung heißen die beiden außen stehenden Größen **Außenglieder,** die beiden innen stehenden Größen **Innenglieder.**

a : b = c : d

(a verhält sich zu b, wie c zu d).

a und **d** sind die Außenglieder, **b** und **c** sind die Innenglieder.

Im obigen Beispiel ergibt sich das erste Verhältnis aus den beiden Prozentzahlen 100 % und 15 %, also

100 % : 15 %

Das zweite (wertgleiche) Verhältnis ergibt sich aus den Euro-Beträgen, wobei der Nachlass die gesuchte Größe **x** darstellt.

330,00 € : x €

100 % : 15 % = 330,00 € : x €
(100 % verhalten sich zu 15 % wie 330,00 € zu x €)

$$\frac{100\,\%}{15\,\%} = \frac{330{,}00\,€}{x\,€}$$

$\leftrightarrow$

$$x\,€ \cdot 100\,\% = 330{,}00\,€ \cdot 15\,\%$$

$\leftrightarrow$

$$x\,€ = \frac{330{,}00\,€ \cdot 15\,\%}{100\,\%} = 330{,}00\,€ \cdot 0{,}15 = \mathbf{49{,}50\,€} \qquad \text{(mit } 100\,\% = 1\text{)}$$

Der Käufer erhält einen Nachlass von 49,50 €; er hat also 280,50 € zu zahlen.

Zur Lösung gelangt man dadurch, dass man das Produkt der Außenglieder gleich dem Produkt der Innenglieder setzt.

Zusammenfassung

6.1.2 Prozentrechnung als Vergleichsrechnung

Die Prozentrechnung macht Aussagen über Zahlengrößen (z. B. über Geldbeträge, Gewichts- oder Längenmaße) **vergleichbar,** indem sie die Zahlengrößen in eine proportionale Beziehung zur Zahl 100 % (= 1) setzt.

Beispiel

Im vergangenen Monat kaufte die Papiergroßhandlung Kern u. a. Kopierpapier im Gesamtwert von 125.000,00 € ein. Hierauf entfielen Rücksendungen in Höhe von 17.500,00 €. In der Warengruppe Druckpapier betrugen die Einkäufe 184.000,00 € und die Rücksendungen 20.240,00 €.

Welche Warengruppe hat die ungünstigere Rücksendungsquote in Prozent?

Die Zusammenhänge lassen sich übersichtlich wie folgt darstellen:

Warengruppe Kopierpapier	Warengruppe Druckpapier	Begriffe der Prozentrechnung
17.500,00 € Rücksendungen	20.240,00 € Rücksendungen	→ Prozentwerte
125.000,00 € Einkaufswert	184.000,00 € Einkaufswert	→ Grundwerte
umgerechnet auf **1,00 €** Einkaufswert beträgt der Anteil der Rücksendungen		→ Vergleichszahl 1 (= 100 %)
$\frac{17.500,00\ \text{€}}{125.000,00\ \text{€}} = 0,14$	$\frac{20.240,00\ \text{€}}{184.000,00\ \text{€}} = 0,11$	$\frac{\textbf{Prozentwert}}{\textbf{Grundwert}}$
= 14 %	**= 11 %**	→ Prozentsätze

Lösung

Die gesuchte Größe ist in dieser Aufgabe der Prozentsatz p %. Zwischen den vorgegebenen Größen p % und 100 % sowie dem Wert der Rücksendung und dem Einkaufswert besteht folgende proportionale Beziehung:

Dreisatz

Einkaufswert ~ 100 %
Wert der Rücksendung ~ p %

$$p\,\% = \frac{\text{Wert der Rücksendung} \cdot 100\,\%}{\text{Einkaufswert}} \qquad (\text{mit } 100\,\% = 1)$$

Verhältnisgleichung

$$p\,\% : 100\,\% = \text{Wert der Rücksendung} : \text{Einkaufswert}$$

$\leftrightarrow$

$$p\,\% = \frac{\text{Wert der Rücksendung} \cdot 100\,\%}{\text{Einkaufswert}} \qquad (\text{mit } 100\,\% = 1)$$

Aus den Geldbeträgen des obigen Beispiels kann zunächst nur festgestellt werden, dass die Rücksendungen bei der Warengruppe Druckpapier höher sind als bei der Warengruppe Kopierpapier. Erst der gemeinsame Bezug auf **100 %** (= **1**) macht die Zahlenverhältnisse vergleichbar und zeigt, dass die Rücksendungen prozentual bei der Warengruppe Kopierpapier höher ausfallen als bei der Warengruppe Druckpapier.

Zwischen den Größen „Einkaufswert" (= Grundwert) und „Wert der Rücksendung" (= Prozentwert) einerseits sowie den Zahlen „100 %" und „p %" (= Prozentsatz) andererseits bestehen direkte Verhältnisse, die sich grafisch folgendermaßen darstellen lassen:

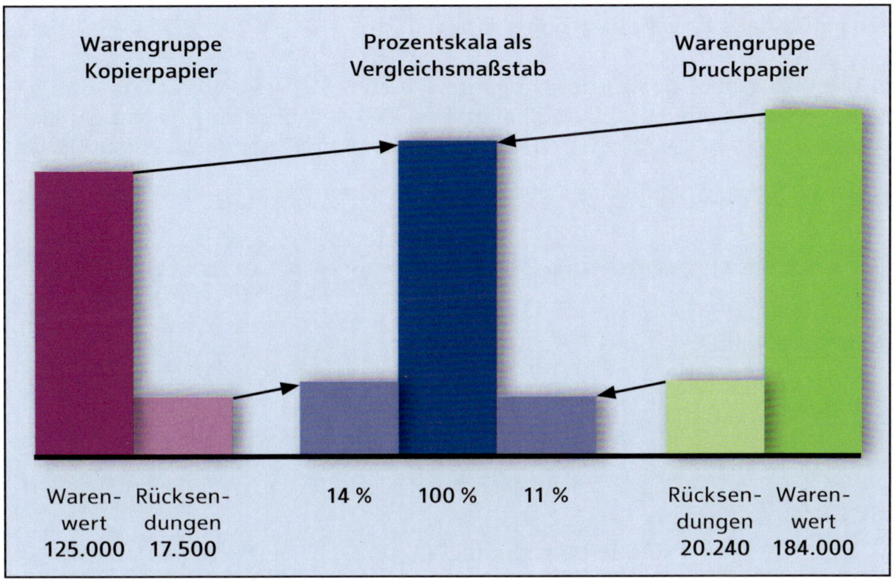

Die grafische Darstellung verdeutlicht, dass sich die Warenwerte der Warengruppen Kopierpapier und Druckpapier zu ihren Rücksendungsbeträgen jeweils so verhalten, wie 100 % zu den Prozentsätzen p %.

6.1.3 Begriffe der Prozentrechnung

In der Prozentrechnung werden für die Zahlengrößen folgende Begriffe und Abkürzungen verwendet:

Grundwert; abgekürzt **G**
Prozentwert; abgekürzt **P** (= Bruchteil von G)
Prozentsatz; abgekürzt **p %** (= Bruchteil von 100 %)
Prozentzahl; abgekürzt **p**

Zusammenfassung

- Prozentaufgaben werden mithilfe der Bruchrechnung gelöst.
- Das Zeichen „%" steht für den hundertsten Teil, z. B.

  1 % = 1/100 = 0,01; **100 % = 100/100 = 1**

- Die in der Prozentrechnung vorkommenden Größen G und P sowie 100 % und p % stehen in direkten Verhältnissen zueinander.

  G : P = 100 % : p %

6.2 Berechnung des Prozentsatzes

Bei der Prozentsatzberechnung wird eine Teilgröße (= Prozentwert) in eine prozentuale Beziehung zu einer Gesamtgröße (= Grundwert) gesetzt. Dies ist z. B. bei Auswertungsfragen der Fall (Aufbereitung und Auswertung der Bilanz und der Gewinn- und Verlustrechnung, Berechnung von Kalkulationszuschlagssätzen im Betriebsabrechnungsbogen u. a.)

Beispiel 1

In der Bilanz der Papiergroßhandlung Kern zum 31. Dezember 01 ist das Gesamtvermögen mit 5.000.000,00 € ausgewiesen; es teilt sich auf in das Anlagevermögen mit 1.750.000,00 € und in das Umlaufvermögen mit 3.250.000,00 €.

Wie hoch ist der Prozentanteil des Anlagevermögens am Gesamtvermögen?

Lösung

Gesucht ist der **Prozentsatz** passend zum Prozentwert „Anlagevermögen".

Dreisatz

5.000.000,00 € ~ 100 %
1.750.000,00 € ~ p %

$$p\,\% = \frac{1.750.000{,}00\,€ \cdot 100\,\%}{5.000.000{,}00\,€} \qquad (\text{mit } 100\,\% = 1\,)$$

$$p\,\% = \frac{1.750.000{,}00\,€}{5.000.000{,}00\,€} = 0{,}35 = \mathbf{35\,\%}$$

Verhältnisgleichung

$$\mathbf{p\,\% : 100\,\% = 1.750.000{,}00\,€ : 5.000.000{,}00\,€}$$

$\leftrightarrow$

$$p\,\% \cdot 5.000.000{,}00 = 100\,\% \cdot 1.750.000{,}00\,€$$

$\leftrightarrow$

$$p\,\% = \frac{1.750.000{,}00\,€ \cdot 100\,\%}{5.000.000{,}00\,€} = \frac{1.750.000{,}00\,€}{5.000.000{,}00\,€} = \mathbf{35\,\%}$$

Der Prozentanteil des Anlagevermögens am Gesamtvermögen beträgt 35 %, der Prozentanteil des Umlaufvermögens am Gesamtvermögen dementsprechend 65 %.

Über eine entsprechende Branchenvergleichszahl oder über Vergleichszahlen aus zurückliegenden Bilanzen lässt sich eine Aussage treffen, ob dieses Verhältnis angemessen ist.

Beispiel 2

Für einen Papiertransport im Wert von 145.000,00 € berechnet die Versicherungsgesellschaft eine Versicherungsprämie von 1.087,50 €.

Wie viel Promille beträgt der Prämiensatz?

Promillerechnung

In den Fällen, in denen der Prozentsatz nur einen sehr kleinen Dezimalbruch darstellt, verwendet man statt der Prozentangabe die Promilleangabe:
100 % = 1 000 ‰ = 1

Anwendungen des Promillesatzes finden sich häufig in naturwissenschaftlichen Aufgaben (z. B. schwache Konzentrationen in Flüssigkeiten), kommen aber auch im kaufmännischen Rechnen vor.

Lösung

Dreisatz

Gesucht ist der **Promillesatz** für die Versicherungsprämie.

145.000,00 € ~ 1 000 ‰
1.087,50 € ~ p ‰

$$p‰ = \frac{1.087,50\,€ \cdot 1\,000\,‰}{145.000,00\,€} = \frac{1.087,50\,€}{145.000,00\,€} = 0,0075 = \mathbf{7,5\,‰}$$

Verhältnisgleichung

p ‰ : 1 000 ‰ = 1.087,50 € : 145.000,00 €

↔

p ‰ · 145.000,00 € = 1 000 ‰ · 1.087,50 €

↔

$$p‰ = \frac{1.087,50\,€ \cdot 1\,000\,‰}{145.000,00\,€} = \frac{1.087,50\,€}{145.000,00\,€} = 0,0075 = \mathbf{7,5\,‰}$$

Zusammenfassung

- Der **Prozentsatz** wird mithilfe folgender allgemeiner Gleichung bestimmt:

$$p\,\% = \frac{P \cdot 100\,\%}{G} \quad \leftrightarrow \quad p\,\% = \frac{P}{G} \qquad \text{(mit } 100\,\% = 1)$$

- Für die Promillerechnung gelten die gleichen Rechenregeln wie für die Prozentrechnung.

Aufgabe 45

In der Werkzeug-Großhandlung Mayer KG wird der in der Kalkulation anzusetzende Gewinnzuschlagssatz wie folgt berechnet:

$$\frac{\text{Gewinn der Periode} \cdot 100\,\%}{\text{Selbstkosten der Periode}} = \text{Gewinnzuschlagssatz in }\%$$

Für die vergangenen Monate wurden folgende Zahlen ermittelt:

€	Mai	Juni	Juli	August	September
Gewinn	45.000,00	52.000,00	39.000,00	63.000,00	58.000,00
Selbstkosten	310.345,00	342.105,00	309.524,00	360.000,00	350.000,00

1. *Berechnen Sie die Gewinnzuschlagssätze für die jeweiligen Monate.*
2. *Bestimmen Sie den durchschnittlichen Gewinnzuschlagssatz.*

Aufgabe 46

Ein Großhandelsunternehmen führt in den beiden Filialen München und Düsseldorf folgende Artikel und erzielte die nachfolgend aufgeführten Umsätze:

Artikel	Filiale München	Filiale Düsseldorf
Goldschmuck	284.000,00 €	335.000,00 €
Silberschmuck	122.000,00 €	145.000,00 €
Bestecke	136.000,00 €	152.000,00 €
Armbanduhren	124.500,00 €	156.400,00 €
Filialumsatz	**666.500,00 €**	**788.400,00 €**

1. *Berechnen Sie für jede Filiale den prozentualen Umsatzanteil der Warengruppen am Filialumsatz.*

2. *Mit wie viel Prozent sind die einzelnen Filialen am Gesamtumsatz beteiligt.*

Aufgabe 47

In einer Abfüllstation für Mineralwasser werden beim Abfüllen auf 0,75-l-Flaschen Stichproben gemacht, um festzustellen, ob die Abfüllanlage fehlerfrei arbeitet. Eine Abweichung bis zu 5 ‰ gilt als fehlerfrei. Die Stichproben erbrachten folgende Ergebnisse:

Stichprobe	I	II	III	IV	V	VI	VII	VIII	IX
Füllmenge in ml	748	742	751	750	744	745	746	749	743

1. *Wie hoch ist die Abweichung von der Sollgröße 750 ml in den einzelnen Stichproben in ‰?*

2. *Wie groß sind die jeweiligen Abweichungen von der Richtmarke 5 ‰?*

3. *Wie viele fehlerhafte Stichproben gibt es?*

Aufgabe 48

In einem Industriebetrieb werden die Eingangsrechnungen für Rohstoffkäufe und die Skontoabzüge des letzten Vierteljahres verglichen:

Nettowert der Eingangsrechnungen (ohne Umsatzsteuer)	234.500,00 €
getätigte Skontoabzüge	5.510,75 €.

Wie viel Prozent Skonto wurden durchschnittlich in Anspruch genommen?

Aufgabe 49

In der Holthoff KG wird für das Geschäftsjahr 01 folgende verkürzte Bilanz erstellt:

Aktiva	Bilanz der Holthoff KG		Passiva
Anlagevermögen	620.000,00	Eigenkapital	835.450,00
Umlaufvermögen	899.000,00	Fremdkapital	683.550,00
	1.519.000,00		1.519.000,00

1. *Wie hoch ist der Prozentanteil der Vermögens- und Kapitalposten an der Bilanzsumme?*

2. Als Branchendurchschnitt gilt, dass das Umlaufvermögen das Anlage vermögen um 40 % übersteigen soll.
   Erreicht das Unternehmen diesen Durchschnitt?

Aufgabe 50

Auf der Grundlage der Gewinn- und Verlustrechnungen und der Bilanzen der Hobler GmbH für die Geschäftsjahre 01 und 02 sind folgende Angaben zusammen gestellt worden:

Hobler GmbH	Berichtsjahr 02	Vorjahr 01
Gesamtleistung	8.480.000,00 €	7.749.000,00 €
– diverse Aufwendungen	7.873.000,00 €	7.409.000,00 €
– Steuern	62.000,00 €	35.000,00 €
= Jahresüberschuss	545.000,00 €	305.000,00 €
Durchschnittliches Eigenkapital	2.940.000,00 €	2.430.000,00 €

Berechnen und vergleichen Sie die Eigenkapitalrentabilität für beide Jahre, indem Sie den Jahresüberschuss und das Eigenkapital in ein Prozentverhältnis setzen.

Aufgabe 51

Der Selbstkostenpreis für ein PC-Gehäuse ist in der Gerätebau-GmbH mit 34,25 € je Gehäuse kalkuliert worden, der Gewinnzuschlag mit 4,11 €.

Bestimmen Sie den Gewinn in Prozent und den Barverkaufspeis.

Aufgabe 52

Für die Haftpflichtversicherung des Lagergebäudes mit einem Versicherungswert von 1.200.000,00 € zahlt die Hauser GmbH eine jährliche Prämie von 4.800,00 €.

Berechnen Sie den Prämiensatz in Promille.

Aufgabe 53

In der Weko-GmbH wird der Bezugspreis für ein Elektrogerät nach folgendem Schema kalkuliert:

Bruttoeinkaufspreis	220,00 €
– 6 % Einkaufsrabatt	13,20 €
Zieleinkaufspreis	206,80 €
– 2 % Einkaufsskonto	4,14 €
Bezugspreis	202,66 €

Mit welchem Gesamtabzug in Prozent vom Bruttoeinkaufspreis ist der Bezugspreis kalkuliert worden?

6.3 Berechnung des Prozentwertes

Bei der Prozentwertberechnung wird aus dem vorgegebenen Grundwert und dem vorgegebenen Prozentsatz der Prozentwert als Teilgröße des Grundwertes berechnet. Diese Rechnung findet bei einer Vielzahl kaufmännischer Tätigkeiten Anwendung, z.B. sind bei der Erstellung von Ausgangsrechnungen Rabattabzüge und Umsatzsteuerbeträge zu berechnen, beim Ausgleich von Rechnungen sind Skonti in Abzug zu bringen, bei der Kalkulation sind Kalkulationszuschläge zu bestimmen.

6.3.1 Berechnung des Prozentwertes vom Grundwert

Beispiel 1

Das Unternehmen Kern e. Kfr. bezieht regelmäßig von seinem Lieferanten Hein KG Druckpapiere. Die letzte Rechnung lautet über 21.420,00 €. Folgende Zahlungsbedingung ist vereinbart: „Zahlbar innerhalb von 10 Tagen mit 3 % Skonto oder nach spätestens 30 Tagen ohne Abzug."

Wie hoch ist der Skontoabzug, und welchen Betrag hat Frau Kern zu überweisen?

Lösung

Gesucht ist der Prozentwert P (Skontoabzug).

Dreisatz

100 % ~ 21.420,00 €
3 % ~ P €

$$P\ € = \frac{21.420{,}00\ € \cdot 3\ \%}{100\ \%} = 21.420{,}00\ € \cdot 0{,}03 = \mathbf{642{,}00\ €}$$

Verhältnisgleichung

P € : 21.420,00 € = 3 % : 100 %

↔

$$P\ € = \frac{21.420{,}00\ € \cdot 3\ \%}{100\ \%} = 21.420{,}00\ € \cdot 0{,}03 = \mathbf{642{,}60\ €}$$

Der Skontoabzug beträgt 642,60 €; es sind also 20.777,40 € zu überweisen.

Beachten Sie, dass in der obigen Rechnung 100 % = 1 und 3 % = 0,03 gesetzt wurden (siehe auch nachfolgende Beispiele).

Beispiel 2

In der Kalkulation des Verkaufspreises für Druckpapier verwendet Frau Kern u. a. einen Zuschlag für die Transportversicherung von 8 ‰ auf den Selbstkostenpreis. Für die Anfrage des Kunden Bertram GmbH nach fünf Paletten Druckpapier errechnet Frau Kern Selbstkosten von 14.500,00 €.

Wie hoch ist der Zuschlag für die Transportversicherung in €?

Lösung

Gesucht ist der Promillewert P.

Dreisatz

1 000 ‰ ~ 14.500,00 €
8 ‰ ~ P €

$$P\ € = \frac{14.500{,}00\ € \cdot 8\ ‰}{1\,000\ ‰} = 14.500{,}00\ € \cdot 0{,}008 = \mathbf{116{,}00\ €}$$

Verhältnisgleichung

P € : 14.500,00 € = 8 ‰ : 1000 ‰

↔

$$P\ € = \frac{14.500{,}00\ € \cdot 8\ ‰}{1\,000\ ‰} = 14.500{,}00\ € \cdot 0{,}008 = \mathbf{116{,}00\ €}$$

Zusammenfassung

Bei gegebenem Grundwert G und gegebenem Prozentsatz p % wird der Prozentwert P nach folgender Gleichung berechnet:

$$P = \frac{G \cdot p\,\%}{100\,\%} \qquad P = \frac{G \cdot p\,‰}{1\,000\,‰}$$

Aufgabe 54

Ein Unternehmer kauft am 15. Januar 01 einen Gabelstapler zum Nettopreis von 85.000,00 €. Der Stapler wird mit 12,5 %/Jahr linear vom Nettopreis abgeschrieben.

Wie hoch sind der Abschreibungsbetrag und der Restwert am Ende des ersten Jahres?

Aufgabe 55

Ein Hersteller von Damenbekleidung erhöht die Listenpreise einheitlich um 4,5 %.

Wie hoch sind die Preiserhöhung und der neue Listenpreis für ein Kleid, das zuvor 188,00 € kostete?

Aufgabe 56

Großhändler Hartmann KG liefert 10 Handbohrmaschinen unter folgenden Bedingungen an den Einzelhändler Klein e. Kfm.: Der Angebotspreis für eine Bohrmaschine beträgt 162,50 €. Auf diesen Preis erhält Klein bei der Abnahme von 10 Stück einen Mengenrabatt von 20 %. Die vereinbarten Zahlungsbedingungen lauten: „Die Rechnung ist innerhalb von 10 Tagen mit 2,5 % Skonto oder nach spätestens 45 Tagen ohne Abzug zahlbar.“

1. *Über welchen Betrag ist die Rechnung unter Berücksichtigung des Rabatts und der Umsatzsteuer (19 %) auszustellen?*
2. *Welchen Betrag hat Klein zu überweisen, wenn er den Skontoabzug ausnutzt?*

Aufgabe 57

Für den Transport hochwertiger elektronischer Geräte schließt ein Kaufmann eine Transportversicherung ab und zahlt dafür eine Prämie von 9,5 ‰ des Warenwertes.

Wie hoch ist die Versicherungsprämie bei einem Warenwert von 48.250,00 €?

Aufgabe 58

Statistische Untersuchungen belegen, dass die durchschnittlichen Arbeitnehmerverdienste von 1995 bis 2015 um 38, 2 % gestiegen sind. 1995 verdiente ein Arbeitnehmer durchschnittlich 1.955,00 € im Monat.

1. *Wie hoch waren die durchschnittlichen Verdienste 2015?*
2. *Aufgrund der Preissteigerung konnte man für den gleichen Eurobetrag 2015 deutlich weniger kaufen als 1995. Die Kaufkraft der Nettoverdienste stieg von 1995 bis 2015 nur um 26,5 %. Sie betrug 1.860,00 € im Jahr 1995. Wie hoch ist im Vergleich dazu die Kaufkraft 2015?*

Aufgabe 59

Ein Steuerpflichtiger (ledig, Steuerklasse I) unterliegt der Lohnsteuer mit einem Steuersatz von 26 %. Zusätzlich zahlt er von seiner Lohnsteuer noch 9 % Kirchensteuer und 5,5 % Solidaritätszuschlag.

Wie hoch ist sein Steuersatz aus Lohnsteuer, Kirchensteuer und Solidaritätszuschlag?

Aufgabe 60

Den Bezugspreis einer Ware hat ein Großhändler mit 364,00 € kalkuliert. Um den Verkaufspreis zu ermitteln, rechnet der Großhändler auf diesen Preis einen Zuschlag für eigene Kosten und für den Gewinn von insgesamt 53,5 % ein.

1. *Zu welchem Verkaufspreis kann der Großhändler die Ware anbieten?*
2. *Aufgrund von Lohnerhöhungen und Preissteigerungen beim Material erhöht sich der Bezugspreis im nächsten Jahr auf 373,10 €. Welchen Verkaufspreis muss er bei unverändertem Zuschlag verlangen?*
3. *Aus Konkurrenzgründen kann er den Verkaufspreis nicht erhöhen. Um wie viel Prozent müsste der Großhändler seinen Zuschlag herabsetzen?*

Aufgabe 61

Aufgrund eines Angebotes bestellt ein Kunde:

10 000 Blatt Kopierpapier zu 1,65 € je 100 Blatt,
20 000 Blatt Druckerpapier zu 14,20 € je 1 000 Blatt.

Auf den ersten Artikel gewährt der Lieferer einen Mengenrabatt von 8 %, auf den zweiten Artikel einen Mengenrabatt von 12 %.

1. *Erstellen Sie die Rechnung einschließlich 19 % Umsatzsteuer.*
2. *Wie hoch ist die Überweisung des Kunden, wenn er aufgrund der vereinbarten Zahlungsbedingungen 1,5 % Skonto abzieht?*

6.3.2 Berechnung des Prozentwertes vom vermehrten Grundwert

Eine besondere Form der Prozentwertberechnung liegt vor, wenn nicht der Grundwert gegeben ist, sondern der um den Prozentwert **erhöhte** Grundwert, und wenn von diesem „vermehrten Grundwert" mithilfe des Prozentsatzes der Prozentwert und der Grundwert berechnet werden sollen. Im kaufmännischen Rechnen sind solche Aufgaben in Verbindung mit der Umsatzsteuer und der Kalkulation zu lösen.

Beispiel

Frau Kern kauft für ihr Unternehmen beim Schreibwareneinzelhandel Büromaterial. Sie erhält einen Kassenbeleg über 95,20 €. Auf dem Kassenbeleg ist vermerkt:

„Im Endpreis sind 19 % Umsatzsteuer enthalten."

Beim Buchen dieses Beleges muss Frau Kern die Umsatzsteuer und den Wert des Büromaterials jeweils gesondert ausweisen.

Wie viel Euro betragen die Umsatzsteuer und der Warenwert?

Lösungsweg

	Wert des Büromaterials	G (~ 100 %) = ?
+	Umsatzsteuerbetrag	P (~ 19 %) = ?
=	Betrag des Belegs	G + P (~ 119 %) = 95,20 €

Berechnung von G (= Wert des Büromaterials) ausgehend vom vermehrten Grundwert (G + P).

Lösung

Gesucht ist der Wert des Büromaterials G

Dreisatz

119 % ~ 95,20 €
100 % ~ G €

$$G\,€ = \frac{95{,}20\,€ \cdot 100\,\%}{119\,\%} = \frac{95{,}20\,€}{1{,}19} = \mathbf{80{,}00\,€}$$

Verhältnisgleichung

G € : 95,20 € = 100 % : 119 %

↔

$$G\,€ = \frac{95{,}20\,€ \cdot 100\,\%}{119\,\%} = \frac{95{,}20\,€}{1{,}19} = \mathbf{80{,}00\,€}\text{ Wert des Büromaterials}$$

Berechnung P (= Umsatzsteuer) ausgehend vom vermehrten Grundwert (G + P)

Lösung

Gesucht ist der Umsatzsteuerbetrag P

Dreisatz

119 % ~ 95,20 €
19 % ~ P €

Verhältnisgleichung

P € : 95,20 € = 19 % : 119 %

P € · 119 % = 95,20 € · 19 %

$$P\,€ = \frac{95{,}20\,€ \cdot 19\,\%}{119\,\%} = \frac{95{,}20\,€ \cdot 0{,}19}{1{,}19} = \mathbf{15{,}20\,€}\text{ Umsatzsteuer}$$

Ist der Wert des Büromaterials berechnet, so lässt sich die Umsatzsteuer auch aus der Differenz „Betrag des Belegs minus Wert des Büromaterials" berechnen:

	Betrag des Belegs (vermehrter Grundwert)	= 95,20 €
–	Wert des Büromaterials (Grundwert)	= 80,00 €
=	Umsatzsteuerbetrag	= 15,20 €

Zusammenfassung

Sind der vermehrte Grundwert (G+P) und der Prozentsatz p % gegeben und es wird nach dem Grundwert G gesucht, so ist zu rechnen:

$$G = \frac{\textbf{Vermehrter Grundwert (G+P)} \cdot \mathbf{100\,\%}}{\mathbf{(100\,\% + p\,\%)}}$$

Ist nach dem Prozentwert P gefragt, so ist zu rechnen:

$$P = \frac{\textbf{Vermehrter Grundwert (G+P)} \cdot \mathbf{p\,\%}}{\mathbf{(100\,\% + p\,\%)}}$$

Beachten Sie, dass in den Lösungen für 100 % sowie für (100 % + p %) die jeweiligen Bruchzahlen verwendet werden.

Aufgabe 62

Nach einer Gehaltserhöhung um 5,4 % erhält ein Arbeitnehmer ein Bruttogehalt von 2.880,00 €.

Wie viel Euro betrug sein ursprüngliches Gehalt?

Aufgabe 63

Beim Barkauf eines Taschenrechners erhält der Kunde folgenden Beleg:

> Bürobedarf Hallberger KG
>
> 40215 Düsseldorf
>
> 1 Taschenrechner Ticitron plus, brutto 30,94 €
>
> Im Rechnungspreis sind 19 % Umsatzsteuer enthalten.

Für die buchungsmäßige Erfassung sind Warenwert und Umsatzsteuer zu berechnen.

Aufgabe 64

Gegenüber dem Vorjahr konnte die XY AG ihren Umsatz um 12,4 % auf nunmehr 10.345.000,00 € steigern.

Wie hoch waren der vorjährige Umsatz und die Umsatzsteigerung in Euro?

Aufgabe 65

Die Lebenshaltungskosten stiegen in den letzten beiden Jahren nacheinander um 2,4 % und 1,6 %. Sie liegen heute bei einem Index von 112,4.

1. *Wie hoch war der Index in jedem der zurück liegenden Jahre?*
2. *Wie viel Prozent beträgt die Indexsteigerung insgesamt über die beiden Jahre?*

6.3.3 Berechnung des Prozentwertes vom verminderten Grundwert

Bei der Prozentwertberechnung vom verminderten Grundwert ist der um den Prozentwert verringerte Grundwert (G – P) gegeben und es soll von diesem verminderten Grundwert mithilfe des Prozentsatzes p % der Prozentwert P (oder der Grundwert G) berechnet werden. Aufgaben dieser Art kommen in der Kalkulation vor.

Beispiel

Aus Konkurrenzgründen will der Unternehmer Heibler den Bezugspreis für einen Rohstoff auf 460,00 € festsetzen. Er rechnet damit, dass sein Lieferer einen Einkaufsrabatt von 8 % gewährt.

Welchen Bruttoeinkaufspreis darf Heibler höchstens akzeptieren? Wie hoch ist der erwartete Rabatt?

Lösungsweg

	Listeneinkaufspreis	G (~ 100 %) = ?
–	Rabattabzug	P (~ 8 %) = ?
=	Bezugspreis	G – P (~ 92 %) = 460,00 €

Berechnung von G (= Listeneinkaufspreis) ausgehend vom verminderten Grundwert (G – P)

Gesucht ist der Listenverkaufspreis G

Lösung

Dreisatz

$$\begin{array}{l} 92\,\% \sim 460{,}00\,€ \\ \underline{100\,\% \sim \quad G \quad €} \end{array}$$

$$G\,€ = \frac{460{,}00\,€ \cdot 100\,\%}{92\,\%} = \frac{460{,}00\,€}{0{,}92} = \mathbf{500{,}00\,€}$$

Verhältnisgleichung

G € : 460,00 € = 100 % : 92 %

↔

$$G\,€ = \frac{460{,}00\,€ \cdot 100\,\%}{92\,\%} = \frac{460{,}00\,€}{0{,}92} = \mathbf{500{,}00\,€}\text{ Listeneinkaufspreis}$$

Berechnung von P (= Einkaufsrabatt) ausgehend vom verminderten Grundwert (G – P)

Gesucht ist der Einkaufsrabatt P

Lösung

Dreisatz

$$\begin{array}{l} 92\,\% \sim 460{,}00\,€ \\ \underline{\ 8\,\% \sim \quad P \quad €} \end{array}$$

$$P\,€ = \frac{460{,}00\,€ \cdot 8\,\%}{92\,\%} = \frac{460{,}00\,€ \cdot 0{,}08}{0{,}92} = \mathbf{40{,}00\,€}$$

Verhältnisgleichung

P € : 460,00 € = 8 % : 92 %

↔

$$P\,€ = \frac{460{,}00\,€ \cdot 8\,\%}{92\,\%} = \frac{460{,}00\,€ \cdot 0{,}08}{0{,}92} = \mathbf{40{,}00\,€}\text{ Einkaufsrabatt}$$

Ist der Listeneinkaufspreis berechnet, so lässt sich der Einkaufsrabatt auch aus der Differenz „Listeneinkaufspreis minus Bezugspreis“ berechnen:

	Listeneinkaufspreis (Grundwert)	= 500,00 €
–	Bezugspreis (verminderter Grundwert)	= 460,00 €
=	Einkaufsrabatt	= 40,00 €

Zusammenfassung

Sind der verminderte Grundwert (G – P) und der Prozentsatz p % gegeben und es wird nach dem Grundwert G gesucht, so ist zu rechnen:

$$G = \frac{\textbf{Verminderter Grundwert (G–P)} \cdot \mathbf{100\,\%}}{\mathbf{(100\,\% - p\,\%)}}$$

Ist nach dem Prozentwert P gefragt, so ist zu rechnen:

$$P = \frac{\textbf{Verminderter Grundwert (G–P)} \cdot \mathbf{p\,\%}}{\mathbf{(100\,\% - p\,\%)}}$$

Beachten Sie, dass in den Lösungen für 100 % sowie für (100 % – p %) die jeweiligen Bruchzahlen verwendet werden.

Aufgabe 66

Im Schlussverkauf wird eine Lederjacke 35 % billiger angeboten und kostet nun 237,25 €.

Wie viel Euro betrug der Preisnachlass?

Aufgabe 67

Ein Einzelkaufmann hat in seinem letzten Jahresabschluss einen Verlust von 15,4 % des Eigenkapitals ausgewiesen. Nach Abzug des Verlustes betrug sein Eigenkapital 357.012,00 €.

Mit wie viel Euro stand das Eigenkapital zu Beginn des Geschäftsjahres in der Bilanz?

Aufgabe 68

Ein als Vorführgerät genutzter Kopierer wird mit einem Nachlass von 35 % für 747,50 € angeboten.

Wie hoch sind der Nachlass und der ursprüngliche Verkaufspreis?

Aufgabe 69

Zum Ausgleich der Rechnung Nr. 4457 überweist der Kunde nach Abzug von 2,5 % Skonto 7.889,70 €.

Über welchen Betrag war die Rechnung ausgestellt, und wie hoch ist der Skontoabzug?

Aufgabe 70

Durch Verbesserung der Wärmedämmung an den Außenwänden und am Dach einer Lagerhalle gelingt es, die Heizkosten um 27 % zu senken. Die Heizkosten betragen in der darauf folgenden Periode 4.526,00 €.

Wie hoch waren die Heizkosten zuvor?

Aufgabe 71

In einem Unternehmen haben sich die Umsätze in den letzten drei Jahren wie folgt entwickelt: Ende des 2. Geschäftsjahres lag der Umsatz um 8,3 % über dem des 1. Geschäftsjahres. Ende des 3. Geschäftsjahres lag der Umsatz mit 644.385,00 € um 4,8 % unter dem des 2. Jahres.

Wie hoch war der Umsatz Ende des 1. Geschäftsjahres?

Aufgabe 72

Wie viel Euro betrug der Listenpreis, wenn ein Kunde beim Einkauf einer Ware nach Abzug von 8 % Rabatt 2.231,00 € (ohne Umsatzsteuer) zu zahlen hatte?

6.4 Berechnung des Grundwertes

Sind in einer Prozentaufgabe der Prozentwert und der Prozentsatz gegeben, so kann aus diesen Angaben der Grundwert berechnet werden. Aufgaben dieser Art kommen in Verbindung mit der Umsatzsteuer und der Kalkulation vor.

Beispiel 1

Frau Kern hat für den Monat April auf dem Konto „Umsatzsteuer 19 %" eine Umsatzsteuer von 92.150,00 € gebucht.

Wie hoch waren die umsatzsteuerpflichtigen Umsatzerlöse im Monat April?

Lösung

Dreisatz

Gesucht ist der Nettoumsatz G (~ 100 %).

19 % ~ 92.150,00 €
100 % ~ G €

$$G\,€ = \frac{92.150{,}00\,€ \cdot 100\,\%}{19\,\%} = \frac{92.150{,}00\,€}{0{,}19} = \mathbf{485.000{,}00\,€}$$

Verhältnisgleichung

G € : 92.150,00 € = 100 % : 19 %

↔

$$G\,€ = \frac{92.150{,}00\,€ \cdot 100\,\%}{19\,\%} = \frac{92.150{,}00\,€}{0{,}19} = \mathbf{485.000{,}00\,€}$$

Lösung

Dreisatz

Gesucht ist der Bruttoumsatz (einschl. Umsatzsteuer) G+P (~ 119 %).

19 % ~ 92.150,00 €
119 % ~ (G+P) €

$$(G+P)\,€ = \frac{92.150{,}00\,€ \cdot 119\,\%}{19\,\%} = \frac{92.150{,}00 \cdot 1{,}19}{0{,}19} = \mathbf{577.150{,}00\,€}$$

Verhältnisgleichung

(G+P) € : 92.150,00 € = 119 % : 19 %

↔

$$(G+P)\,€ = \frac{92.150{,}00\,€ \cdot 119\,\%}{19\,\%} = \frac{92.150{,}00 \cdot 1{,}19}{0{,}19} = \mathbf{577.150{,}00\,€}$$

Beispiel 2

Im Januar 01 wurde eine Verpackungsmaschine angeschafft. Zum Jahresende 01 ist die Abschreibung für diese Maschine auf dem Abschreibungskonto mit 15.625,00 € gebucht worden. Aus dem Anlagenverzeichnis geht hervor, dass die Maschine linear mit 12,5 %/Jahr abgeschrieben wird.

Wie hoch sind der Anschaffungswert und der Buchwert der Maschine?

Lösung

Dreisatz

Gesucht ist der Anschaffungswert G (~ 100 %).

12,5 % ~ 15.625,00 €
100 % ~ G €

$$G\,€ = \frac{15.625{,}00\,€ \cdot 100\,\%}{12{,}5\,\%} = \frac{15.625{,}00\,€}{0{,}125} = \mathbf{125.000{,}00\,€}$$

Verhältnisgleichung

G € : 15.625,00 € = 100 % : 12,5 %

↔

$$G\,€ = \frac{15.625{,}00\,€ \cdot 100\,\%}{12{,}5\,\%} = \frac{15.625{,}00\,€}{0{,}125} = \mathbf{125.000{,}00\,€}$$

Der Buchwert beträgt dann (125.000,00 € – 15.625,00 € =) 109.375,00 €.

Zusammenfassung

Sind in einer Prozentaufgabe der Prozentwert und der Prozentsatz gegeben und es ist nach dem Grundwert gefragt, so ist zu rechnen:

$$G = \frac{P \cdot 100\,\%}{p\,\%}$$

Sind Prozentwert und Prozentsatz gegeben und es wird nach dem vermehrten Grundwert gefragt, so ist zu rechnen:

$$G + P = \frac{P \cdot (100\,\% + p\,\%)}{p\,\%}$$

Sind Prozentwert und Prozentsatz gegeben und es wird nach dem verminderten Grundwert gefragt, so ist zu rechnen:

$$G - P = \frac{P \cdot (100\,\% - p\,\%)}{p\,\%}$$

Beachten Sie, dass in den Lösungen für 100 %, p %, (100 % + p %) sowie (100 % – p %) die jeweiligen Bruchzahlen verwendet werden.

Aufgabe 73

In einem Insolvenzverfahren werden die Forderungen aus Lieferungen und Leistungen mit einer Erstattungsquote von 24,5 % bedient. Der Kaufmann Fritz Acker e. K. erhält eine Abschlusszahlung in Höhe von 2.366,70 €.

Wie viel Euro betrug seine ursprüngliche Forderung und wie hoch ist der Forderungsausfall?

Aufgabe 74

Beim Ausgleich einer Rechnung zieht der Kunde 2,5 % Skonto, das sind 166,60 €, ab.

Über welchen Betrag wurde die Rechnung ausgestellt?

Aufgabe 75

Ein Außendienstmitarbeiter erhält ein monatliches Fixum (= Gehalt) von 1.500,00 € und zusätzlich 2,5 % der von ihm vermittelten Umsätze als Provision. Er strebt ein monatliches Einkommen von 4.500,00 € brutto an.

Wie viel Euro Umsatz muss der Mitarbeiter monatlich tätigen, um das gewünschte Einkommen zu erzielen?

Aufgabe 76

Auf dem Konto „Umsatzsteuer“ hat der Kaufmann Uwe Mergler e. K. im Monat Mai 35.435,00 € bei einem Steuersatz von 19 % gebucht.

Wie hoch ist sein Umsatz im Monat Mai?

Aufgabe 77

Für eine Glasbruchversicherung zahlt ein Unternehmer eine Prämie von 64,50 €/Jahr, das entspricht einem Prämiensatz von 12 ‰.

Mit welchem Versicherungswert sind die Glasscheiben versichert?

Aufgabe 78

Beim Rösten von Kaffee entsteht ein Röstverlust von 28 %. Es soll eine Charge von 25 000 kg Röstkaffee produziert werden.

Wie viel kg Rohkaffee ist dafür einzusetzen?

Aufgabe 79

Vier Kaufleute beschließen für die Durchführung eines Gelegenheitsgeschäftes eine BGB-Gesellschaft zu gründen. Sie vereinbaren folgendes Beteiligungsverhältnis für ihre Kapitaleinlagen:

A beteiligt sich mit 20 %, B mit 30 %, C mit 35 % und D mit 42.600,00 €.

1. *Wie hoch sind die Kapitaleinlagen der übrigen Gesellschafter, und wie hoch ist das insgesamt eingebrachte Eigenkapital?*
2. Der erwirtschaftete Überschuss von 84.000,00 € soll im Verhältnis der Kapitaleinlagen verteilt werden. *Wie hoch sind die Überschussanteile der einzelnen Gesellschafter?*

Aufgabe 80

Die Bilanz der Stamm KG weist die flüssigen Mittel (Bankguthaben und Kasse) mit 84.550,00 € aus. Die flüssigen Mittel haben damit einen Anteil am gesamten Vermögen von 9,5 %, und im Verhältnis zu den kurzfristigen Verbindlichkeiten machen sie 95 % aus.

1. *Wie hoch ist das in der Bilanz ausgewiesene Vermögen?*
2. *Wie hoch sind die kurzfristigen Verbindlichkeiten?*

Aufgabe 81

Eine Abfüllanlage wurde zwei Jahre lang mit je 25 % vom Buchwert abgeschrieben. Sie hat nach Ablauf der zwei Jahre einen Buchwert von 45.000,00 €.

Wie hoch waren die Anschaffungskosten der Anlage?

7 Zinsrechnung

7.1 Grundlagen der Zinsrechnung

In modernen Volkswirtschaften treten vielfältige Zahlungsverpflichtungen auf, die nicht immer „Zug um Zug“ erfüllt werden, sondern über die Inanspruchnahme eines Zahlungszieles verzögert oder mit Hilfe fremden Geldes beglichen werden. Es kann auch sein, dass nicht benötigtes Geld gegen Zins zur Verfügung gestellt wird.

Anwendung

In diesen Fällen

- stellen die Kreditinstitute (Banken, Sparkassen, Genossenschaftsbanken) das für die Zahlung erforderliche Geld in Form eines Kredits zur Verfügung, bzw. nehmen nicht benötigtes Geld von ihren Kunden gegen Zins an,
- gewähren Lieferanten durch Einräumung eines Zahlungszieles einen Zahlungsaufschub.

Kreditgeschäft

Der Schuldner hat für die Inanspruchnahme des Kredits oder des Zahlungsaufschubs ein Entgelt zu zahlen. Nimmt er Kredit bei der Bank auf, so zahlt er **Zinsen.** Gewährt ihm der Lieferant Zahlungsaufschub, so zahlt er einen **Skontoaufschlag.**

Der Zins wird mithilfe eines Zinssatzes aus dem Kreditbetrag berechnet. Der Zinssatz ist ein Prozentsatz, der für jeweils ein Jahr (oder einen Monat) festgesetzt ist. Die Höhe des Zinssatzes ist abhängig von der Art und Laufzeit des Kredits (langfristiger oder kurzfristiger Kredit, Dispositionskredit, Anschaffungsdarlehen oder Kontokorrentkredit).

Beispiel

In der Mitteilung eines Kreditinstituts an einen Kunden heißt es:

„Unser derzeitiger Zinssatz für Dispositionskredite beträgt 10,8 %.“

Diese Aussage bedeutet, dass der Kunde bei Beanspruchung des Kredits

- **für 1 Jahr 10,8 %,**
- **für ½ Jahr 5,4 %,**
- **für 1 Monat 0,9 %** des Kredites als Zins zahlen muss.

Anlagengeschäft

Neben dem Kreditgeschäft stellt das Anlagegeschäft einen wesentlichen Aufgabenbereich der Geldinstitute dar. Hierbei „deponiert“ der Bankkunde nicht benötigte Geldbeträge bei seiner Bank, die ihm für die Überlassung des Geldes einen Zins zahlt, der sich aufgrund eines Zinssatzes berechnen lässt. Die Höhe dieses „Guthaben“-Zinssatzes hängt von der Art und der Dauer der Geldanlage ab.

Aufgabe 82

Informieren Sie sich bei „Ihrem“ Geldinstitut über die Höhe der Zinssätze für die gebräuchlichsten Kredit- und Geldanlageformen.

Begriffe der Zinsrechnung

Die Zinsrechnung basiert auf der Prozentrechnung. Sie berücksichtigt zusätzlich die Zeit.

Prozentrechnung	Abkürzungen	Zinsrechnung	Abkürzungen
Grundwert	G	Kapital	K
Prozentwert	P	Zinsen	Z
Prozentsatz	p %	Zinssatz	p %
		Zeit	t

Zusammenfassung

- Zins ist der Preis, den der Schuldner dem Gläubiger für die zeitweilige Überlassung von Kredit zu zahlen hat.
- Der Zinssatz ist ein Prozentsatz, der in der Regel für eine Kreditlaufzeit von einem Jahr angegeben wird (**p % für ein Jahr**).

7.2 Berechnung der Zinsen

Anwendung

Zinsberechnungen kommen u. a. in folgenden Aufgabenstellungen vor:
- Berechnung der Guthaben- und Kreditzinsen bei Banken,
- Berechnung der Skonti bei Lieferantenkrediten

7.2.1 Festlegung der Zeit in der Zinsrechnung

Kaufmännische Zinsrechnung

In der kaufmännischen Zinsrechnung wird die Zeit unterschiedlich berechnet. Bei Spareinlagen, Kontokorrentkrediten, Termineinlagen wird die sog. „deutsche Methode" zugrunde gelegt. Bei Tagesgeld und Bundesanleihen wird nach der „französischen Methode" (= EU-Methode) gerechnet.

Zinstageberechnung	
nach „deutscher Methode"	**nach „EU-Methode"**
■ 1 Zinsjahr = 12 Zinsmonate = 360 Zinstage ■ Jeder volle Zinsmonat = 30 Zinstage ■ Ausnahme: Endet die Verzinsung „Ende Februar", so wird der Februar mit 28 Zinstagen (Schaltjahr 29 Zinstagen) berechnet.	■ 1 Zinsjahr = 12 Zinsmonate = 360 Zinstage ■ Jeder Zinsmonat wird nach dem Kalender genau berechnet: – Der Febr. hat also – Schaltjahre ausgenommen – 28 Zinstage. – Die Monate Jan., März, Mai, Juli, Aug., Okt. und Dez. werden mit 31 Zinstagen gerechnet. – Die Monate April, Juni, Sept. und Nov. gehen mit 30 Zinstagen in die Zinsrechnung ein.
■ Der erste Tag einer in Kalenderdaten angegebenen Zinszeit gilt nicht als Zinstag, der letzte Kalendertag ist ein voller Zinstag.	

Beispiel 1

Aufgrund der obigen Festlegungen ergeben sich für folgende Zinszeiten die angegebenen Zinstage:

Zinszeit in Kalenderdaten	„deutsche Methode“	„EU-Methode“
31. März – 30. September	180 Zinstage	183 Zinstage
28. Februar – 31. Mai	92 Zinstage	92 Zinstage
1. Januar – 31. Januar	29 Zinstage	30 Zinstage
1. Februar – Ende Februar	27 Zinstage	27 Zinstage
1. Februar – Ende Februar (Schaltjahr)	28 Zinstage	28 Zinstage
28. Februar – 1. März	3 Zinstage	1 Zinstag
1. Februar – 1. März (kein Schaltjahr)	30 Zinstage	28 Zinstage

Im Folgenden verwenden wir nur die „deutsche Methode“ zur Zeitberechnung. Prüfen Sie die Tageberechnung mit einem Zinstagerechner aus dem Internet.

Beispiel 2

Ein Kaufmann beansprucht einen Kredit für die Zeit vom 25. Januar bis zum 12. April.

Zinszeit in Kalenderdaten	Zinstage
❶ Zinstage vom 25. Jan. bis 31. Jan. (30 – 25) =	5
❷ zwei volle Zinsmonate =	60
❸ Zinstage vom 1. April bis 12. April (1. April und 12. April sind Zinstage!) =	12
insgesamt	**77**

7.2.2 Berechnung der Zinsen in Abhängigkeit von der Zeit

Anwendung

Bei der Berechnung von Zinsen sind folgende Grundsätze zu beachten:

- Die Zinsrechnung ist eine angewandte Prozentrechnung.
- Der Zinssatz wird in der Regel für eine Zinszeit von einem Jahr angegeben.

7.2.2.1 Berechnung der Zinsen für mehrere Jahre

Beispiel

Vereinbarungsgemäß soll ein privat gegebenes Darlehen in Höhe von 150.000,00 € nach Ablauf von vier Jahren einschließlich 2,5 %/Jahr Zinsen (ohne Zinseszins) zurückgezahlt werden.

Wie viel Euro Zinsen fallen insgesamt an?

Lösung

Dreisatz

❶ **Zinsen für 1 Jahr**[1] (= 360 Tage) $Z\,€ = \frac{150.000 \cdot 2{,}5\,\%}{100\,\%} = 150.000{,}00 \cdot 0{,}025 = 3.750{,}00\,€$

❷ **Zinsen für 4 Jahre** $Z\,€ = 150.000 \cdot 0{,}025 \cdot \mathbf{4} = \mathbf{15.000{,}00\,€}$

1 *vergl. Prozentrechnung S. 44f.*

7.2.2.2 Berechnung der Tageszinsen

Beispiel

Frau Kern bezahlt eine Rechnung über 24.500,00 €, fällig am 20. Juli, indem sie ihr Kontokorrentkonto überzieht. Erst mit einer Kundenzahlung am 8. September ist ihr Konto wieder ausgeglichen.

Wie viel Euro Zinsen hat sie für den beanspruchten Kredit bei einem Zinssatz von 10,5 % zahlen müssen?

Lösung

Dreisatz

❶ **Zinstage** vom 20. Juli bis 8. September = **48 Tage**

im Einzelnen
- vom 20. Juli bis 31. Juli = 10 Tage
- August voller Zinsmonat = 30 Tage
- vom 1. September bis 8. September = 8 Tage

❷ **Zinsen für 1 Jahr** (= 360 Tage) $Z\ € = \frac{24.500\ € \cdot 10{,}5}{100} = 2.572{,}50\ €$

❸ **Zinsen für 1 Tag** $Z\ € = \frac{24.500\ € \cdot 10{,}5}{100 \cdot 360} = 7{,}15\ €$

❹ **Zinsen für 48 Tage** $Z\ € = \frac{24.500\ € \cdot 10{,}5 \cdot \mathbf{48}}{100 \cdot 360 =}$ **343,00 €**

Zusammenfassung

Zinsen für **n Jahre** (ohne Zinseszins) werden wie folgt berechnet:

$$Z_n = \frac{K \cdot p\ \% \cdot n}{100\ \%}$$ mit „n“ = Anzahl der Zinsjahre

Der rechte Bruch im Zähler und Nenner mit 100 erweitert ergibt:

$$Z_n = \frac{K \cdot p \cdot n}{100}$$

In der Zinsrechnung wird die Zeit in Form eines Faktors berücksichtigt; bei n Jahren beträgt dieser Faktor n.

Die Zinsen für **t Tage** werden wie folgt berechnet:

$$Z_t = \frac{K \cdot p\ \% \cdot t}{100\ \% \cdot 360}$$ mit „t“ = Anzahl der Zinstage

Der rechte Bruch im Zähler und Nenner mit 100 erweitert ergibt:

$$Z_t = \frac{K \cdot p \cdot t}{100 \cdot 360}$$

Zinsen für **m Monate** werden wie folgt berechnet:

$$Z_m = \frac{K \cdot p\ \% \cdot m}{100\ \% \cdot 12}$$ mit „m“ = Anzahl der Zinsmonate

In der Zinsrechnung wird die Zeit in Form eines Faktors berücksichtig. Bei m Monaten beträgt dieser Faktor $\frac{m}{12}$, bei t Zinstagen $\frac{t}{360}$.

Aufgabe 83

Berechnen Sie die Zinstage für folgende Verzinsungszeiträume:

	Erster Zinstag	Letzter Zinstag
1.	25. April	16. August
2.	1. Januar	31. Mai
3.	23. November	5. Januar n. J.
4.	31. Mai	12. September
5.	11. März	30. Juni
6.	4. Februar	31. Juli
7.	8. Oktober	31. Dezember
8.	15. Januar	Ende Februar[1] n. J.
9.	27. April	8. August

Aufgabe 84

Eine Rechnung, ausgestellt auf den 13. Juni, über 7.192,00 € ist zahlbar innerhalb von 10 Tagen mit 3 % Skonto oder nach spätestens 30 Tagen ohne Abzug.

1. *Bis zu welchem Tag wird die Skontofrist gewahrt?*
2. Die Zahlung erfolgt verspätet am 27. August einschließlich 8 %/Jahr Verzugszinsen. *Wie viel Euro Verzugszinsen sind fällig?*

Aufgabe 85

Die Zahlungsbedingungen auf einer Rechnung lauten: „Zahlbar innerhalb von 15 Tagen mit 2 % Skonto oder nach spätestens 45 Tagen ohne Abzug."

Welchem Jahreszinssatz entspricht dieser Skontoabzug, wenn die Zeit ab dem 15. Tag bis zum 45. Tag als Kreditzeit zu betrachten ist (vgl. Seite 68)?

Aufgabe 86

Ein Kaufmann nimmt einen Kontokorrentkredit zu 8,5 %/Jahr in Höhe von 14.500,00 € für 150 Tage in Anspruch.

Wie viel Euro Zinsen berechnet die Bank?

Aufgabe 87

Für ein Darlehen in Höhe von 55.000,00 € berechnet die Bank 5,5 % Zinsen im Jahr.

Wie viel Euro Zinsen fallen an, wenn der Kreditnehmer das Darlehen für drei Jahre in Anspruch nimmt (ohne Zinseszinsen)?

Aufgabe 88

Ein Darlehen wird für die Zeit vom 1. März bis 16. August zu einem Jahreszinssatz von 4,5 % aufgenommen.

1. *Wie hoch ist der Zeitprozentsatz?*
2. *Wie viel Euro Zinsen fallen an, wenn das Darlehen über 18.500,00 € lautet?*

---

1 kein Schaltjahr

Aufgabe 89

Ein Kaufmann will einen Teil des vorübergehend nicht benötigten Bankguthabens als Festgeld anlegen. Die Bank bietet ihm folgende Konditionen:

a) Festgeld mindestens 10.000,00 € bis 20.000,00 € zu 0,5 %/Jahr bei 30 Tagen Kündigungsfrist.
b) Festgeld mindestens 10.000,00 € bis 20.000,00 € zu 1,5 %/Jahr bei 90 Tagen Kündigungsfrist.
c) Festgeld mindestens 50.000,00 € zu 1,75 %/Jahr bei 30 Tagen Kündigungsfrist.

1. *Wie hoch ist der Zinsgewinn bei der Kondition b) gegenüber a), wenn der Kaufmann 15.000,00 € für 90 Tage anlegt?*

2. *Wie viel Euro Zinsen erhält der Kaufmann, wenn er 54.000,00 € entsprechend der Kondition c) für 120 Tage anlegt?*

Aufgabe 90

Der Verkaufspreis für ein Fernsehgerät beträgt 1.240,00 €. Ein Kunde wünscht Ratenzahlung. Es werden folgende Zahlungsvereinbarungen getroffen: 200,00 € Anzahlung am Kauftag 16. Mai. Der Rest soll in vier gleichen Monatsraten am 16. Juni, 16. Juli, 16. August und 16. September beglichen werden.

1. *Wie viel Euro Zinsen hat der Kunde zu zahlen, wenn die jeweilige Restschuld mit 4,5 % verzinst wird?*

2. *Um wie viel Prozent übersteigt der Teilzahlungspreis den Barzahlungspreis?*

Aufgabe 91

Ein Kaufmann nimmt einen Kredit über 25.000,00 € am 1. April zu 6,5 %/Jahr auf, den er einschließlich Zinsen am 16. September zurückzahlt.

Wie hoch ist der Gesamtbetrag, der zurückzuzahlen ist?

Aufgabe 92

Die Erstellung eines Wohnhauses mit acht baugleichen Wohnungen kostet 620.000,00 €. 30 % werden vom Eigentümer durch Eigenkapital, 70 % durch Hypothekendarlehen finanziert. Die Darlehenszinsen betragen 4,5 %/Jahr. Weiterhin fallen folgende Aufwendungen an: 2 % Abschreibungen, 2.320,00 € monatliche Gebäudeunterhaltung, 1.540,00 € Steuern und Abgaben im Vierteljahr.

Wie hoch muss die zu fordernde kostendeckende Miete für eine Wohnung sein, wenn der Eigentümer eine Verzinsung von 8 %/Jahr für sein eingesetztes Eigenkapital anstrebt?

Aufgabe 93

Ein Sparer eröffnet am 21. März 01 bei der Sparkasse XY ein Festgeldkonto und zahlt 12.400,00 € ein. Das Guthaben wird mit 1,5 %/Jahr verzinst. Der Sparer kündigt den Vertrag fristgerecht zum 30. Juni 03.

Wie viel Euro Zinsen erhält der Sparer insgesamt?

(Die Zinsen werden jeweils zum Jahresende dem Girokonto des Sparers gutgeschrieben).

7.3 Summarische Zinsrechnung

In der kaufmännischen Praxis kommt es häufig vor, dass mehrere Geldbeträge mit unterschiedlichen Fälligkeiten zum **einheitlichen Zinssatz** auf einen **gemeinsamen Abschlusstag** verzinst werden.

Anwendung

- Mehrere Rechnungen mit unterschiedlichen Fälligkeiten werden einschließlich Verzugszinsen in einem Betrag an einem vereinbarten Termin bezahlt.
- Ein Kaufmann reicht bei seiner Bank an einem bestimmten Tag mehrere Wechsel mit unterschiedlichen Fälligkeiten zum Diskont ein.
- Ein Sparer zahlt auf sein Sparkonto zu unterschiedlichen Terminen Geldbeträge ein. Die Guthabenzinsen zum 30. Juni oder 31. Dez. sind zu berechnen.

Beispiel

Frau Kern hat einem Lieferanten vier Rechnungen noch nicht bezahlt:

Rechnung Nr. 467 über 2.875,40 €, fällig am 19. April,
Rechnung Nr. 492 über 3.680,00 €, fällig am 11. Mai,
Rechnung Nr. 533 über 4.968,00 €, fällig am 26. Mai,
Rechnung Nr. 608 über 4.186,00 €, fällig am 8. Juni.

Vereinbarungsgemäß begleicht Frau Kern den Gesamtbetrag der Rechnungen einschließlich 8 % Verzugszinsen am 8. Juni.

Wie viel € Zinsen fallen an und welchen Gesamtbetrag muss Frau Kern zahlen?

Lösungsweg Zunächst müssen die Zinsen für für jede der nicht bezahlten Rechnungen berechnet werden. Die Summer der Zinsen wird dann mit der Summe der Rechnungsbeträge addiert.

Lösung

Rechnung	Betrag	Fälligkeit	Zinstage	Zinsen
467	2.875,40 €	19.04.	49	$\frac{2.875{,}40 \cdot 49 \cdot 8}{100 \cdot 360} = 31{,}31$ €
492	3.680,00 €	11.05.	27	$\frac{3.680{,}00 \cdot 27 \cdot 8}{100 \cdot 360} = 22{,}08$ €
533	4.968,00 €	26.05.	12	$\frac{4.968{,}00 \cdot 12 \cdot 8}{100 \cdot 360} = 13{,}25$ €
608	4.186,00 €	08.06.	0	0,00 €
	15.709,40 €			
+ Zinsen	66,64 €			← **66,64 €**
Zahlung	**15.776,04 €**			

Diese aufwändige Rechenarbeit lässt sich wie folgt vereinfachen:

Der in allen Berechnungen gleiche Bruch $\frac{8}{360}$ wird zunächst aus den Berechnungen ausgeklammert und zu einem Stammbruch gekürzt: $\frac{8}{360} = \frac{1}{45}$

Der Nenner des Stammbruches heißt **Zinsdivisor** (oder Zinsteiler). Im Beispiel lautet der Zinsdivisor **45**. Vereinfacht lässt er sich aus dem Kehrbruch 360 : 8 = 45 berechnen.

Die in der Zinsberechnung darüber hinaus vorkommenden Zahlen – und zwar die veränderlichen Zahlen für das **Kapital** (= K) und die **Zinstage** (= **t**) sowie die Zahl 100 – werden zu der für jede Zinsberechnung typischen **Zinszahl** (Zeichen: #) zusammengefasst.

$$\text{Zinszahl (\#)} = \frac{\text{Kapital} \cdot \text{Tage}}{100}$$

So ergibt für die 1. Rechnung die Zinszahl

$$\# = \frac{2.875{,}4 \cdot 49}{100} = 1.408{,}95, \text{ aufgerundet } \mathbf{1.409}.$$

Die insgesamt anfallenden Zinsen werden berechnet, indem man die **Summe der Zinszahlen** aus allen Positionen einmal durch den **Zinsdivisor** teilt.

Aus den Zahlen des Beispiels von Seite 64 wird die vereinfachte kaufmännische Zinsberechnung erstellt.

Lösung

Rechnung	Betrag	Fälligkeit	Zinstage	$\# = \frac{K \cdot t}{100}$
467	2.875,40 €	19.04.	49	1 409, aufgerundet
492	3.680,00 €	11.05.	27	994, aufgerundet
533	4.968,00 €	26.05.	12	596, abgerundet
608	4.186,00 €	08.06.	0	0
	15.709,40 €			2 999
+ Zinsen	66,64 €			2 999 : 45 = 66,64
Zahlung	**15.776,04 €**			

Zusammenfassung

In der summarischen Zinsrechnung wird die Summe der Zinsen wie folgt berechnet:

$$\textbf{Zinsen} = \frac{\textbf{Summe der Zinszahlen}}{\textbf{Zinsdivisor}}$$

Die **Zinszahlen** (#) ergeben sich aus:

$$\# = \frac{\textbf{Kapital} \cdot \textbf{Tage}}{\textbf{100}}$$

Die Zinszahlen werden kaufmännisch gerundet, sind also immer ganze Zahlen.

Der **Zinsdivisor** ist der Nenner des Stammbruches aus $\frac{p}{360}$ und wird berechnet:

Zinsdivisor = 360 : p

Aufgabe 94

Berechnen Sie das Bankguthaben zum 30. Juni bei 2.5 %/Jahr Zinsen und folgenden Gutschriften:

1.850,00 €, Gutschrift am 27. Februar,
760,00 €, Gutschrift am 24. April,
1.220,00 €, Gutschrift am 18. Mai,
550,00 €, Gutschrift am 20. Juni.

Aufgabe 95

Aus mehreren Rohstofflieferungen schuldet die Kleinert GmbH ihrem Lieferanten folgende Beträge:

3.220,00 €, Fälligkeit der Rechnung 26. April,
4.370,00 €, Fälligkeit der Rechnung 12. Mai,
3.565,00 €, Fälligkeit der Rechnung 23. Mai.

Vereinbarungsgemäß soll der Gesamtbetrag einschließlich 8,5 % Verzugszinsen am 15. Juni ausgeglichen werden.

Welchen Betrag hat der Schuldner zu überweisen?

Aufgabe 96

Die Werner KG hat folgende Rechnungen ihres Lieferanten Keller GmbH aus zurück liegenden Warenbezügen noch nicht beglichen:

4.165,00 €, Fälligkeit der Rechnung 03.04.,
3.094,00 €, Fälligkeit der Rechnung 21.04.,
3.332,00 €, Fälligkeit der Rechnung 06.05.,
3.867,50 €, Fälligkeit der Rechnung 24.05.

Vereinbarungsgemäß soll der Gesamtbetrag einschließlich 8 % Verzugszinsen zum 20.06. beglichen werden.

Über welchen Gesamtbetrag lautet die Lastschrift, die die Keller GmbH an die Werner KG schickt?

7.4 Berechnung des Zinssatzes

Die Berechnung des Zinssatzes kann sinnvoll sein, wenn die Bank in der (vierteljährlichen) Abrechnung eines Kontokorrentkontos die Soll-Zinszahl und die belasteten Zinsen angibt und der Kaufmann wissen will, wie viel Prozent Sollzinsen die Bank berechnet hat. Auch bei der Aufnahme eines Kredites interessiert den Bankkunden u.a. der sogenannte „effektive Zinssatz“, der einen Vergleich unterschiedlicher Kreditangebote ermöglicht. Schließlich kann jeder Kaufmann mit dieser Rechnung den effektiven Zinssatz beim Skontoabzug bestimmen und damit Zahlungsbedingungen der Lieferanten vergleichbar machen. Der Berechnung des Zinssatzes liegt die allgemeine Zinsformel zugrunde (vgl. S. 61).

7.4.1 Berechnung des Zinssatzes bei kurzen Zinszeiten

Beispiel

Aufgrund fälliger Steuer- und Lohnzahlungen hat Frau Kern ihr Kontokorrentkonto für die Zeit vom 28. März bis 22. April mit 24.500,00 € überzogen. Hierfür berechnet die Bank 196,00 € Zinsen.

Wie hoch ist der Soll-Zinssatz, den die Bank zugrunde legt?

Lösung

Der Kredit hat eine Laufzeit von 24 Tagen.

Für diese Zeit verlangt die Bank bei einem Kredit von 24.500,00 € Zinsen in Höhe von 196,00 €.

Aus der Frage: „Wie viel € Zinsen verlangt die Bank für 100,00 € Kredit in einem Jahr?" ergibt sich folgender Lösungsansatz (zusammengesetzter Zinssatz):

Dreisatz

$$\begin{array}{l} x \; € \, Z \sim 100{,}00 \; € \, K \sim 360 \text{ Tage} \\ \underline{196{,}00 \; € \, Z \sim 24.500{,}00 \; € \, K \sim 24 \text{ Tage}} \end{array}$$

$$x \; € = \frac{196{,}00 \; € \cdot 100{,}00 \; € \cdot 360 \text{ Tage}}{24.500{,}00 \; € \cdot 24 \text{ Tage}} = \mathbf{12{,}00 \; €}$$

Die Umrechnung auf die Zinsen für **100,00 €** Kredit im Jahr wird interpretiert als 12 %. Die Bank legt also einen **Zinssatz von 12 %** zugrunde.

Zinsformel

Die Zinsformel (vgl. Seite 61) lautet: $Z = \frac{K \cdot p \, \% \cdot t}{100 \, \% \cdot 360}$

Die Umformung nach „p %" ergibt: $p \, \% = \frac{Z \cdot 100 \, \% \cdot 360}{K \cdot t}$

$$p \, \% = \frac{196{,}00 \; € \cdot 100 \, \% \cdot 360 \text{ Tage}}{24.500{,}00 \; € \cdot 24 \text{ Tage}} = \frac{196{,}00 \; € \cdot 360 \text{ Tage}}{24.500{,}00 \; € \cdot 24 \text{ Tage}} = 0{,}12 = \mathbf{12 \, \%}$$

Aufgabe 97

Auf ein Sparkonto wurden folgende Beträge eingezahlt:

1.200,00 € am 18. Juli,
1.450,00 € am 22. August,
750,00 € am 26. September,
1.100,00 € am 5. November.

Am 31. Dezember schreibt die Bank insgesamt 35,49 € Zinsen gut.

Mit wie viel Prozent wurden die Guthaben verzinst?

Aufgabe 98

Ein Kredit wurde von der Bank am 1. März in Höhe von 12.000,00 € eingeräumt und nach 90 Tagen einschließlich Zinsen mit 12.285,00 € zurückgezahlt.

Wie viel Prozent Zinsen berechnete die Bank?

7.4.2 Effektiver Zinssatz bei Liefererskonto

Bei Zahlungsbedingungen mit Skontoabzug belastet der Lieferer den Kunden mit einem Zinszuschlag für die Zeit des Lieferantenkredites.

Beispiel 1

Das Unternehmen Kern bezieht Saugpapier (Rechnungsbetrag 12.733,00 €) von der Papiermühle AG unter folgenden Zahlungsbedingungen:

„Der Rechnungsbetrag ist innerhalb von 10 Tagen mit 2 % Skonto oder nach 40 Tagen ohne Abzug zu begleichen."

Wie hoch ist der effektive Zinssatz, der diesen Bedingungen zugrunde liegt?

Lösungsweg

In diesem Beispiel gelten die ersten 10 Tage als sog. Barzahlungszeitraum, in dem der Kunde den vom Lieferer in den Warenwert eingerechneten Zinszuschlag (= Skonto) **nicht** bezahlen muss.

Zahlt der Kunde erst nach Ablauf von 10 Tagen und bis spätestens 40 Tage nach Rechnungserhalt, hat er den vollen Rechnungsbetrag (einschließlich Zinszuschlag) zu zahlen.

Der Lieferer räumt also ein Zahlungsziel von 30 Tagen ein (40 Tage – 10 Tage) und berechnet für diese Zeit einen Skontozuschlag von 2 %.

0. Tag · **10. Tag**	**40. Tag**
10 Tage	30 Tage
Zahlung mit Skontoabzug	Zahlung des vollen Rechnungsbetrags ohne Skontoabzug (= Kreditgewährung des Lieferers)

Überschlagslösung

Bei der Überschlagslösung (näherungsweisen Lösung) werden der tatsächliche Zahlungsbetrag und der Skontoabzug in Euro nicht berücksichtigt, sondern nur der Skontosatz und die Kreditzeit.

Lösung

$$\mathbf{p\,\% : 2\,\% = 360\ Tage : 30\ Tage}$$

$$p\,\% = \frac{2\,\% \cdot 360\ \text{Tage}}{30\ \text{Tage}} = \frac{0{,}02 \cdot 360\ \text{Tage}}{30\ \text{Tage}} = 0{,}24 = \mathbf{24\,\%}$$

Der auf ein Jahr umgerechnete Skontosatz beträgt **24 %.**

Genaue Lösung

Die genaue Lösung berücksichtigt die tatsächliche Zahlung und den Skontoabzug in Euro: Der Skontoabzug beträgt 12.733,00 € · 0,02 = **254,66 €;** die Zahlung macht demnach (12.733,00 € – 254,66 €) = **12.478,34 €** aus.

Der Lösung liegt die Formel zur Berechnung des Zinssatzes zugrunde (vgl. Seite 67):

Lösung

$$p\,\% = \frac{254{,}66\ € \cdot 100\,\% \cdot 360\ \text{Tage}}{12.478{,}34\ € \cdot 30\ \text{Tage}} \qquad (\text{mit } 100\,\% = 1)$$

$$p\,\% = \frac{254{,}66\ € \cdot 360\ \text{Tage}}{12.478{,}34\ € \cdot 30\ \text{Tage}} = 0{,}2449 = \mathbf{24{,}49\,\%}$$

Bei genauer Rechnung liegt der Skontosatz höher als bei der Überschlagsrechnung.

Beispiel 2

Das Unternehmen Kern hat eine Warenrechnung über 28.560,00 € zu begleichen. Die Zahlungsbedingung lautet:

„Zahlbar innerhalb von 10 Tagen mit 1,5 % Skonto oder spätestens nach 50 Tagen ohne Abzug."

Da das Unternehmen Kern zur Begleichung der Rechnung zurzeit über kein ausreichendes Bankguthaben verfügt, wird überlegt,

- ob sich die Inanspruchnahme eines Kontokorrentkredits zu 12,5 %/Jahr zur Begleichung der Rechnung unter Skontoabzug lohnt oder
- ob es günstiger wäre, den vollen Rechnungsbetrag nach Ablauf der Zahlungsfrist zu begleichen, um die Zinsen des Kredits einzusparen.

Vergleich Skontosatz – Zinssatz

Um festzustellen, welche der beiden Kreditmöglichkeiten die günstigere ist, wird der auf ein Jahr umgerechnete Skonto mit dem jährlichen Bankzinssatz verglichen. Hierzu wird der **effektive Zinssatzes** bei Skonto herangezogen:

28.560,00 € – 428,40 € (Skonto) = **28.131,60 €** (tatsächliche Zahlung)

Zeitraum des Lieferantenkredits = 50 Tage – 10 Tage = **40 Tage**

$$p\,\% = \frac{428{,}40\,€ \cdot 100\,\% \cdot 360\text{ Tage}}{28.131{,}60\,€ \cdot 40\text{ Tage}} = \mathbf{13{,}71\,\%\ (effektiver\ Jahreszinssatz)}$$

Das Ergebnis besagt, dass das Unternehmen Kern bei Skontoausnutzung einen **Zinsvorteil** von 13,71 % hat, während die Bank einen Zins von 12,5 % verlangt. In diesem Fall ist es günstiger, den Kontokorrentkredit in Anspruch zu nehmen und die Rechnung unter Ausnutzung von Skonto innerhalb von 10 Tagen zu begleichen.

Vergleich über Finanzierungsvorteil

Sofern eine Aussage darüber getroffen werden soll, wie viel EURO in der einen oder anderen Kreditmöglichkeit eingespart werden, reicht die obige Rechnung nicht aus. Hierzu ist es erforderlich, den Finanzierungsvorteil in EURO auszurechnen:

Skontoabzug (1,5 % von 28.560,00 €) = ... 428,40 €

$$-\ \text{Kreditzinsen}\ \frac{(28.131{,}60\,€ \cdot 40\text{ Tg.} \cdot 12{,}5\,\%)}{100\,\% \cdot 360\text{ Tg.}} = \ldots\ 390{,}72\,€$$

= **Finanzierungsvorteil durch Skontoausnutzung** .... **37,68 €**

Zusammenfassung

Der effektive Zinssatz bei Skonto kann überschlagsmäßig bestimmt werden, indem man den für die Laufzeit des Lieferantenkredits geltenden Skontosatz (= Zeitprozentsatz) auf den Jahreszinssatz umrechnet.

Für die genaue Bestimmung des effektiven Skontosatzes sind Skontobetrag und tatsächliche Zahlung zu berücksichtigen.

Die Ausnutzung von Skonto lohnt sich auch dann, wenn der Rechnungsausgleich durch einen kurzfristigen Kredit finanziert werden muss, sofern der effektive Skontosatz **höher** als der Kreditzinssatz ist.

Aufgabe 99

Die Zahlungsbedingungen auf einer Rechnung lauten:
„Zahlbar innerhalb von 15 Tagen mit 2,5 % Skonto oder nach spätestens 40 Tagen ohne Abzug."

1. *Bestimmen Sie nach vereinfachter Rechnung den effektiven Skontosatz.*
2. Die Rechnung lautet über brutto 18.564,00 €. *Wie hoch ist der effektive Skontosatz bei genauer Rechnung?*
3. Für die Begleichung der Rechnung soll ein Kontokorrentkredit zu 13 %/Jahr aufgenommen werden. *Weisen Sie nach, dass sich die Kreditaufnahme zur Skontoausnutzung trotz des hohen Zinssatzes lohnt, und berechnen Sie den Finanzierungsvorteil.*

Aufgabe 100

Die Großhandlung Müller GmbH schuldet aus einer Warenlieferung 19.278,00 €. Die Rechnung ist innerhalb von 10 Tagen mit 1 % Skonto oder nach 60 Tagen ohne Abzug zu begleichen.

Die Müller GmbH überlegt, ob zur Skontoausnutzung ein Kontokorrentkredit zu 11,5 %/Jahr aufgenommen werden soll oder ob es günstiger ist, auf den Skontoabzug zu verzichten und die Rechnung erst nach 60 Tagen zu begleichen.

Zeigen Sie, welche Zahlungsmöglichkeit günstiger ist.

7.5 Berechnung der Zinszeit

Beispiel

Für ein Darlehen in Höhe von 24.000,00 €, das die Papiergroßhandlung Kern zu 5 %/Jahr bei ihrer Bank aufgenommen hat, zahlt sie insgesamt 400,00 € Zinsen.

Für wie viele Zinstage hatte sie das Darlehen beansprucht?

Lösung

Zinsformel

Aus der Gleichung für die Zinsberechnung $Z = \frac{K \cdot p \cdot t}{100 \cdot 360 \text{ Tage}}$

folgt durch Umformung nach t: $t = \frac{Z \cdot 100 \cdot 360 \text{ Tage}}{K \cdot p}$

Auf das Beispiel übertragen ergibt sich:

$$t = \frac{400{,}00\ € \cdot 100 \cdot 360\ \text{Tg.}}{24.000{,}00\ € \cdot 5}$$

$$t = \frac{400{,}00\ € \cdot 100 \cdot 360\ \text{Tage}}{24.000{,}00\ € \cdot 5}$$

t = 120 Zinstage

Zusammenfassung

Die Berechnung der Zinstage erfolgt nach der Gleichung

$$t = \frac{Z \cdot 100 \cdot 360}{K \cdot p}$$

Für Aufgaben dieser Art müssen die Größen Kapital, Zinsen und Zinssatz gegeben sein.

Aufgabe 101

Mit Rechnung vom 13. April wurden an einen Kunden Waren im Wert von 5.474,00 € (einschließlich 19 % Umsatzsteuer) geliefert. Die Zahlungsbedingungen lauten: „ Zahlbar innerhalb von 20 Tagen mit 1,5 % Skonto oder nach spätestens 40 Tagen ohne Abzug."

Die Überweisung des Kunden lautet über 5.527,45 €. Auf dem Überweisungsträger hat der Kunde vermerkt: Ausgleich der Rechnung vom 13. April, zuzüglich 9,5 % Verzugszinsen."

Für welche Zeit wurden Verzugszinsen fällig?

Aufgabe 102

Kunde Schmieder hat die Rechnung Nr. 4711, fällig am 27. Juni, über 3.332,00 € noch nicht beglichen. Vereinbarungsgemäß leistet der Kunde eine Zahlung über 3.352,73 € einschließlich 8 % Verzugszinsen.

Für wie viele Tage wurden Verzugszinsen berechnet?

Aufgabe 103

Ein Sparer nimmt eine Einzahlung in Höhe von 3.500,00 € auf sein Festgeldkonto vor. Am Jahresende ist dieses Guthaben nach Einrechnung von 1,5 % Zinsen auf 3.532,08 € angewachsen.

Wann wurde die Einzahlung vorgenommen?

Aufgabe 104

Wann wurde ein Betrag von 3.820,00 € auf ein Festgeldkonto eingezahlt, wenn er bis zum 31. Dezember einschließlich 1,5 % Zinsen auf 3.845,47 € angewachsen war?

7.6 Berechnung des Kapitals

Beispiel

Aus der Vermietung eines Lagerhauses erzielt Frau Kern bei vierteljährlicher Abrechnung einen Reinertrag von 10.125,00 €; dies entspricht einer Verzinsung des im Lagerhaus investierten Eigenkapitals von 9 %.

Wie viel Euro Eigenkapital wurden in dem Lagerhaus investiert?

Lösung

Aus der Gleichung für die Zinsberechnung

$$Z = \frac{K \cdot p \cdot t}{100 \cdot 360}$$

folgt durch Umformung nach K

$$K = \frac{Z \cdot 100 \cdot 360}{p \cdot t}$$

Auf das Beispiel übertragen ergibt sich:

$$K = \frac{10.125{,}00\text{ €} \cdot 100 \cdot 360\text{ Tage}}{9 \cdot 90\text{ Tage}} = \mathbf{450.000{,}00\text{ €}}\text{ Eigenkapital}$$

Zusammenfassung

Zur Berechnung des Kapitals müssen Zinssatz, Zinsen und Zinstage bekannt sein. Die Ausrechnung erfolgt nach der Gleichung:

$$K = \frac{Z \cdot 100 \cdot 360}{p \cdot t}$$

Aufgabe 105

Für einen Kontokorrentkredit zahlt ein Kaufmann 11,8 % Zinsen im Jahr. In der letzten Bankabrechnung wurden ihm für die Zeit vom 15. April bis 30. Juni Zinsen in Höhe von 860,42 € belastet.

Wie hoch ist der in Anspruch genommene Kredit?

Aufgabe 106

Ein Kunde ist in Zahlungsverzug geraten. Für die Zeit vom 18. März (= Fälligkeit der Rechnung) bis zum 24. Mai (= Datum der Zahlung) wird er vom Lieferanten mit 8,5 % Verzugszinsen – das entspricht einem Zinsbetrag von 74,18 € – belastet.

Über welchen Betrag lautete die Rechnung?

Aufgabe 107

Zur Finanzierung eines Autokaufs nimmt ein Bankkunde am 24. November einen kurzfristigen Kredit auf, den er vereinbarungsgemäß am 20. April des nächsten Jahres einschließlich 9,5 %/Jahr Zinsen mit 14.055,75 € zurückzahlt.

Wie hoch war der Kredit?

Aufgabe 108

Für den Ausbau der Geschäftsräume nimmt die Impex GmbH bei ihrer Bank einen Kredit zu 5 %/Jahr für 180 Zinstage auf. Nach Abzug der Zinsen und der Bearbeitungsgebühr von 1 % der Darlehnssumme zahlt die Bank 120.625,00 € aus.

Wie hoch sind das Darlehen, die Zinsen und die Bearbeitungsgebühr?

Aufgabe 109

Zur Modernisierung der Geschäftsräume nimmt ein Einzelhändler am 29. Juli bei seiner Bank einen Kredit zu 4,5 %/Jahr auf. Am Jahresende erhält er eine Zinsabrechnung über 1.782,64 €.

Wie hoch war der Kreditbetrag?

8 Lineare Gleichungssysteme

8.1 Grundlagen

Anwendung

Eine Reihe ökonomischer Fragestellungen lässt sich mithilfe linearer Gleichungssysteme beantworten:

- Innerhalb der **Vollkostenrechnung** lässt sich die **innerbetriebliche Leistungsverrechnung** über lineare Gleichungssysteme durchführen.
- In der **Deckungsbeitragsrechnung** lassen sich **Gewinnschwellen** mithilfe von linearen Gleichungssystemen berechnen.
- In der **Plankostenrechnung** kann über ein lineares Gleichungssystem diejenige Beschäftigung ermittelt werden, bei der die **Sollkosten** gleich den verrechneten **Plankosten** sind.
- Innerhalb der **Investitionsrechnung** finden lineare Gleichungssysteme bei der **Kostenvergleichsrechnung** und der **Gewinnvergleichsrechnung** Anwendung.
- Für die Berechnung **optimaler Größen** im Zusammenhang von Eigenfertigung vs Fremdbezug oder von **optimalen Bestellmengen** lassen sich lineare Gleichungssysteme heranziehen.
- Schließlich finden lineare Gleichungssysteme in der sog. **Teilebedarfsrechnung** Einsatz, bei der die Einsatzmengen mehrerer Werkstoffe zu berechnen sind, die über mehrere Zwischenprodukte zu mehreren Endprodukten verarbeitet werden.

Lineare Gleichung

Eine **lineare Gleichung** ist in der **Grundform** dadurch gekennzeichnet,

- dass die Gleichung einen linken und einen rechten Teil (Term) hat,
- dass im linken Teil der Gleichung die Variable x nur in der ersten Potenz vorkommt (x^1),
- dass im linken Teil der Gleichung die Variable x multiplikativ mit einem Koeffizienten **a** zu **ax** verbunden ist (mit $a \neq 0$),
- dass im rechten Term der Gleichung die Zahl **b** steht und
- dass beide Terme durch das Gleichheitszeichen (=) verbunden sind: $ax = b$

Diese Grundform der linearen Gleichung hat die **Lösung** $x = \frac{b}{a}$.

In einer linearen Gleichung können beliebig viele Variablen $x_1, x_2, x_3, \dots, x_n$ mit ihren jeweiligen Koeffizienten $a_1, a_2, a_3, \dots, a_n$ vorkommen. Eine Gleichung in der Form

$$a_1x_1 + a_2x_2 + a_3x_3 + \dots + a_nx_n = b$$

heißt **lineare Gleichung mit n Variablen.**

Eine lineare Gleichung mit n Variablen hat **unendlich viele Lösungen.**

Lineares Gleichungssystem

Um eindeutige Lösungen zu erhalten, müssen mehrere lineare Gleichungen mit den gleichen Variablen ein **Gleichungssystem** bilden. In der **Normalform** hat ein lineares Gleichungssystem genauso viele Gleichungen wie Variable sowie unterschiedliche Absolutglieder $\mathbf{b_1}, \mathbf{b_2}, \mathbf{b_3}, \ldots, \mathbf{b_n}$ und ist dann in der Regel eindeutig lösbar.

Ein Gleichungssystem mit **zwei** Variablen x_1, x_2, unterschiedlichen Koeffizienten $a_{11}, \ldots, a_{22}$ und **zwei** Gleichungen mit unterschiedlichen Absolutglieder b_1 und b_2 wird allgemein wie folgt beschrieben:

$$a_{11}x_1 + a_{21}x_2 = b_1$$
$$a_{12}x_1 + a_{22}x_2 = b_2$$

Dabei bedeutet der Koeffizient a_{11}, dass er der Variablen x_1 in der ersten Gleichung zugeordnet ist, der Koeffizient $\mathbf{a_{22}}$, dass er vor der Variablen x_2 in der zweiten Gleichung steht.

8.2 Rechnerische Lösungsverfahren linearer Gleichungssysteme

Beispiel 1

Gegeben sei das lineare Gleichungssystem

I $\quad 2x_1 + 3x_2 = 48$

II $\quad 3x_1 - 2x_2 = 20$

Es sollen an diesem Beispiel die geläufigen Lösungsverfahren

- Einsetzungsverfahren,
- Gleichsetzungsverfahren,
- Additionsverfahren

vorgestellt werden. Es bleibt Ihnen überlassen, welches Verfahren Sie von Fall zu Fall verwenden.

Einsetzungsverfahren

Beim Einsetzungsverfahren wird eine der beiden Gleichungen durch **Äquivalenzumformungen** nach einer Variablen aufgelöst und der Lösungsterm in die zweite Gleichung eingesetzt.

Lösung

Auflösung der 1. Gleichung nach x_1	I	$2x_1 + 3x_2 = 48$
$:2$	I	$x_1 + \frac{3x_2}{2} = 24$
$-\frac{3x_2}{2}$	I	$x_1 = 24 - \frac{3x_2}{2}$
Einsetzen von $24 - \frac{3x_2}{2}$ in II	II	$3\left(24 - \frac{3x_2}{2}\right) - 2x_2 = 20$
-72	II	$72 - \frac{9x_2}{2} - 2x_2 = 20$
$:(-6{,}5)$	II	$-6{,}5x_2 = -52$

	II $x_2 = 8$
Einsetzen des Wertes für x_2 in I	I $2x_1 + 3 \cdot 8 = 48$
Bestimmung des Wertes für x_1	I $2x_1 = 24$
	I $x_1 = 12$

Gleichsetzungsverfahren

Beim Gleichsetzungsverfahren werden in allen Gleichungen die Koeffizienten vor einer Variablen gleich 1 (oder einer anderen gleichen Zahl) gesetzt und diese Variable isoliert.

Lösung

Gleichsetzen der Koeffizienten vor x_1 auf 6	
1. Gleichung · 3 2. Gleichung · 2	I $6x_1 + 9x_2 = 144$ II $6x_1 - 4x_2 = 40$
Auflösung beider Gleichungen nach $6x_1$	I $6x_1 = -9x_2 + 144$ II $6x_1 = 4x_2 + 40$
Da die linken Seiten der Gleichungen gleich sind, sind es auch die rechten:	$-9x_2 + 144 = 4x_2 + 40$
Auflösung nach x_2: $(-4x_2 - 144)$	$-13x_2 = -104$
: (−13)	$x_2 = 8$
Lösung nach x_1 siehe oben!	

Additionsverfahren

Beim Additionsverfahren werden die Gleichungen so umgeformt, dass die Koeffizienten vor einer Variablen gleich, das Vorzeichen der Variablen aber entgegengesetzt ist, sodass diese Variable beim Addieren der Gleichungen auf null fällt.

Lösung

Im Beispiel bietet es sich an, die Koeffizienten vor der Variablen x_2 auf 6 zu setzen.	
1. Gleichung · 2 2. Gleichung · 3	I $4x_1 + 6x_2 = 96$ II $9x_1 - 6x_2 = 60$
Addition beider Gleichungen; : 13	I + II $13x_1 + 0 = 156$
	$x_1 = 12$
Einsetzen von $x_1 = 12$ in I	I $2 \cdot 12 + 3x_2 = 48$
Ausrechnen nach x_2 (− 24)	I $24 + 3x_2 = 48$
: 3	I $3x_2 = 24$
	I $x_2 = 8$

Vielfach sind die Gleichungssysteme nicht vorgegeben, sondern müssen aus der (ökonomischen) Situation bzw. dem vorliegenden Text konstruiert werden. Im obigen Beispiel 1 könnte der zugrunde liegende Text wie folgt lauten:

Beispiel 2

Addiert man das Zweifache einer Zahl zu dem Dreifachen einer anderen Zahl, so erhält man 48. Subtrahiert man das Zweifache der zweiten Zahl von dem Dreifachen der ersten Zahl, so erhält man 20.

Vollziehen Sie die Erstellung des Gleichungssystems aus dem Text nach.

Aufgabe 110

Gegeben ist das folgende Gleichungssystem:

$$\begin{array}{ll} \text{I} & -4x_1 + 6x_2 = 32 \\ \text{II} & 2x_1 - 5x_2 = -36 \end{array}$$

Bestimmen Sie die Lösung des Gleichungssystems.

Aufgabe 111

Gegeben ist das folgende Gleichungssystem:

$$\begin{array}{ll} \text{I} & 3x_1 - 2x_2 + 4x_3 = 26 \\ \text{II} & 2x_1 + 4x_2 - x_3 = 22 \\ \text{III} & 4x_1 + 3x_2 + 2x_3 = 43 \end{array}$$

Ermitteln Sie die Lösung.

Aufgabe 112

Begründen Sie, warum das folgende Gleichungssystem keine Lösung hat:

$$\begin{array}{ll} \text{I} & 8x_1 + 6x_2 = 20 \\ \text{II} & 4x_1 + 3x_2 = 12 \end{array}$$

Aufgabe 113

Berechnen Sie die Lösung für das folgende Gleichungssystem:

$$\begin{array}{ll} \text{I} & 3x_1 - 2x_2 + x_3 + x_4 = 5 \\ \text{II} & x_1 + 4x_2 + 3x_4 = 26 \\ \text{III} & 2x_1 + x_2 - 3x_3 - x_4 = 0 \\ \text{IV} & x_1 + 3x_2 + 2x_3 = 13 \end{array}$$

Aufgabe 114

Addiert man zur Differenz zweier Zahlen die Zahl 13, so erhält man die Zahl 20. Die gleiche Zahl erhält man, wenn man von der Summe der beiden Zahlen die Zahl 23 subtrahiert.

Bestimmen Sie die beiden Zahlen.

Aufgabe 115

Aus der Kalkulation einer Ware ist folgendes bekannt: Die Summe aus Selbstkostenpreis und Gewinn beträgt 340,00 €. Durch günstigen Einkauf kann in der nächsten Rechnungsperiode der Selbstkostenpreis um 5 % gesenkt werden. Zugleich lässt der Markt eine Gewinnerhöhung um 20 % zu. Die Summe aus Selbstkostenpreis und Gewinn beträgt nun 333,00 €.

Bestimmen Sie den Selbstkostenpreis und den Gewinn für beide Perioden.

Beispiel 3

Für die Herstellung von drei Erzeugnissen E1, E2 und E3 werden zwei verschiedene Rohstoffe R1 und R2 benötigt. Der Rohstoffeinsatz je Erzeugniseinheit, die zur Verfügung stehenden Rohstoffmengen und die geplanten Kosten je Erzeugniseinheit sind in der folgenden Tabelle zusammengestellt. Die Gesamtkosten sollen 3200 Geldeinheiten nicht übersteigen.

Rohstoffe	Rohstoffeinsatz je Erzeugniseinheit			Verfügbare Rohstoffmengen, Gesamtkosten
	E1	E2	E3	
R1	2	3	4	520
R2	4	3	6	800
Kosten je Erzeugn.	20	17,5	15	3.200

Gesucht ist die Menge jedes Erzeugnisses, die unter den gegebenen Bedingungen hergestellt werden kann

Menge E1 := $\mathbf{x_1}$
Menge E2 := $\mathbf{x_2}$
Menge E3 := $\mathbf{x_3}$

Lösung

Es ergibt sich folgendes Gleichungssystem mit drei Variablen:

$$\begin{array}{lll} & \text{I} & 2x_1 + 3x_2 + 4x_3 = 520 \\ & \text{II} & 4x_1 + 3x_2 + 6x_3 = 800 \\ & \text{III} & 20x_1 + 17{,}5x_2 + 15x_3 = 3\,200 \\ \text{I}:2 & \text{I} & x_1 + 1{,}5x_2 + 2x_3 = 260 \\ \leftrightarrow & \text{I} & x_1 = -1{,}5x_2 - 2x_3 + 260 \\ \text{I in II} & \text{II} & 4(-1{,}5x_2 - 2x_3 + 260) + 3x_2 + 6x_3 = 800 \\ \text{I in III} & \text{III} & 20(-1{,}5x_2 - 2x_3 + 260) + 17{,}5x_2 + 15x_3 = 3\,200 \\ & \text{II} & 3x_2 + 2x_3 = 240 \\ & \text{III} & 12{,}5x_2 + 25x_3 = 2\,000 \\ \text{II}:2 & \text{II} & 1{,}5x_2 + x_3 = 120 \\ \leftrightarrow & \text{II} & x_3 = -1{,}5x_2 + 120 \\ \text{II in III} & \text{III} & 12{,}5x_2 + 25(-1{,}5x_2 + 120) = 2\,000 \\ & \text{III} & 25x_2 = 1\,000 \\ & \text{III} & \mathbf{x_2 = 40} \\ X_2 = 40 \text{ in II} & \text{II} & x_3 = -1{,}5 \cdot 40 + 120 \\ & \leftrightarrow & \mathbf{x_3 = 60} \\ X_2 = 40 \text{ in I} & & \\ X_3 = 60 \text{ in I} & \text{I} & x_1 = -1{,}5 \cdot 40 - 2 \cdot 60 + 260 \\ & \text{I} & \mathbf{x_1 = 80} \end{array}$$

Das Gleichungssystem ist eindeutig lösbar.

Es ergibt sich die Lösung: $(x_1, x_2, x_3) = (80, 40, 60)$

Aufgabe 116

Für die Herstellung von drei Erzeugnissen E1, E2 und E3 werden drei verschiedene Rohstoffe R1, R2 und R3 benötigt. Der Rohstoffeinsatz je Erzeugniseinheit und die zur Verfügung stehenden Rohstoffmengen sind in der folgenden Tabelle zusammengestellt.

Rohstoffe	Einsatz E1	Einsatz E2	Einsatz E3	Rohstoffmenge
R1	4	3	6	153
R2	6	5	2	167
R3	2	4	3	114

Bestimmen Sie die Anzahl der herzustellenden Erzeugnisse.

Verrechnung innerbetrieblicher Leistungen

Auf der Grundlage der Aufgabe 485 aus dem Buch „Schmolke/Deitermann, Industrielles Rechnungswesen“ soll das Verfahren der innerbetrieblichen Leistungsverrechnung mithilfe linearer Gleichungssysteme dargestellt werden.

Aus der Aufgabe geht hervor, dass in einem Betriebsabrechnungsbogen zwei Hilfskostenstellen (HI1 und HI2) sowie zwei Hauptkostenstellen (HA1 und HA2) geführt werden. Zwischen diesen Kostenstellen bestehen folgende Leistungsabflüsse bzw. Leistungszuflüsse in Stunden (h):

Beispiel 4

Die Hilfskostenstelle **HI1** leistet 200 h für die Hilfskostenstelle HI2, 1 000 h für die Hauptkostenstelle HA1 sowie 720 h für die Hauptkostenstelle HA2.

Die Hilfskostenstelle **HI2** leistet 1 200 h für die Hauptkostenstelle HA1 sowie 800 h für die Hauptkostenstelle HA2. Eine Leistungsabgabe an die Hilfskostenstelle HI1 findet nicht statt.

In folgender Übersicht sind die Leistungszuflüsse bzw. Leistungsabflüsse dargestellt

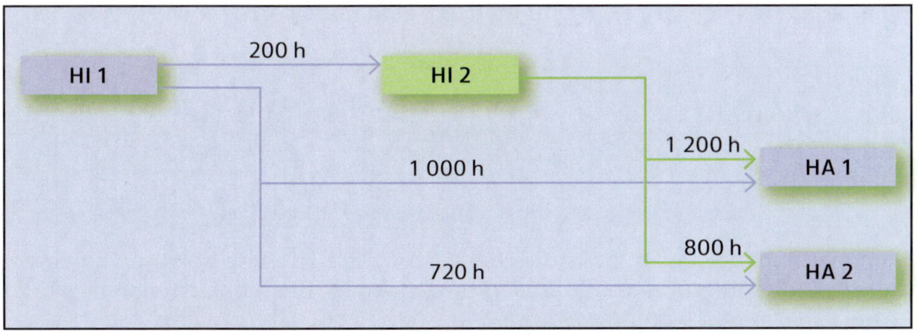

	nach HI1	nach HI2	nach HA1	nach HA2	Summe
von HI1	0 h	200 h	1 000 h	720 h	1 920 h
von HI2	0 h	0 h	1 200 h	800 h	2 000 h

Die primären Stellengemeinkosten – also die Gemeinkosten, die unmittelbar in den Kostenstellen selbst entstanden sind – betragen:

	HI1	HI2	HA1	HA2
Primäre Gemeinkosten	48.000,00	75.000,00	240.000,00	280.000,00

Zu berechnen sind die Stellengemeinkosten für die beiden Hauptkostenstellen HA1 und HA2 insgesamt.

Lösungsweg

In einem **ersten Rechenschritt** ist zu ermitteln, zu welchen Verrechnungspreisen je Stunde (**p_1** und **p_2**) die Hilfskostenstellen HI1 und HI2 ihre Leistungen abgeben. Diese Preise sind über ein lineares Gleichungssystem nach folgender **Regel** zu berechnen:

Lösung

Auf den linken Seiten des Gleichungssystems werden die in den Hilfskostenstellen entstandenen **Primärkosten** sowie der **Wert der** ihnen von anderen Kostenstellen **zugeflossenen Leistungen** erfasst.

Auf den rechten Seiten des Gleichungssystems steht der **Gesamtwert** der **Leistungsabflüsse** aus den Hilfskostenstellen.

HI1 HI2	$48.000 = 1920\, p_1$ $75.000 + 200p_1 = 2000\, p_2$

In der Hilfskostenstelle **HI1** entstehen Primärkosten von 48.000,00 €. Diese Kostenstelle erhält keine Leistungszuflüsse aus anderen Kostenstellen. Sie erbringt eine Gesamtleistung für die Hauptkostenstellen von 1 920 Stunden, die zum Preis von p_1 bewertet werden.

In der Hilfskostenstelle **HI2** entstehen Primärkosten von 75.000,00 €. Diese Kostenstelle erhält einen Leistungszufluss von 200 Stunden aus der Hilfskostenstelle HI1 – bewertet zum Preis von p_1. Sie erbringt eine Gesamtleistung für die Hauptkostenstellen von 2 000 Stunden, die zum Preis von p_2 bewertet werden.

Lösung

HI1 : 1920 HI2 einsetzen $p_1 = 25$	$\mathbf{25} = p_1$ $75.000 + 200 \cdot 25 = 2000\, p_2$
HI2	$80000 = 2000\, p_2$
HI2 : 2000	$\mathbf{40} = p_2$

Damit ist nachgewiesen, dass die Hilfskostenstelle HI1 Ihre Leistung zu einem Verrechnungspreis von **p_1 = 25,00 €/Stunde** abgibt, die Hilfskostenstelle HI2 zu einem Preis von **p_2 = 40,00 €/Stunde**.

Lösungsweg

In einem **zweiten Rechenschritt** ist dann zu bestimmen, mit wie viel Euro Gemeinkosten die beiden Hauptkostenstellen HA1 und HA2 insgesamt belastet werden. Diese Rechnung wird wieder mithilfe eines linearen Gleichungssystems durchgeführt. In diesem Gleichungssystem werden die gesuchten Gemeinkosten als Variable mit K_1 für die Gemeinkosten der Hauptkostenstelle HA1 und K_2 für die Gemeinkosten der Hauptkostenstelle HA2 gesetzt. Zusätzlich zu den verrechneten Gemeinkosten aus den Hilfskostenstellen sind auch die Primärkosten der Hauptkostenstellen zu berücksichtigen:

Lösung

HA1 HA2	$K_1 = 1\,000\,p_1 + 1\,200\,p_2 + 240.000$ $K_2 = 720\,p_1 + 800\,p_2 + 280.000$
Einsetzen $p_1 = 25$; $p_2 = 40$ in K_1 und K_2	$K_1 = 1\,000 \cdot 25 + 1\,200 \cdot 40 + 240.000$ $K_2 = 720 \cdot 25 + 800 \cdot 40 + 280.000$
	K_1 = 313.000,00 € **K_2 = 330.000,00 €**

Aufgabe 117

Dem Betriebsabrechnungsbogen eines Unternehmens sind die primären Gemeinkosten für drei Hilfskostenstellen und zwei Hauptkostenstellen nach folgender Tabelle entnommen:

	HI1	HI2	HI3	HA1	HA2
Primäre Gemeinkosten	25.200,00	20.000,00	30.000,00	110.000,00	140.000,00

Zwischen den Kostenstellen bestehen folgende Leistungsbeziehungen in Mengeneinheiten (ME):

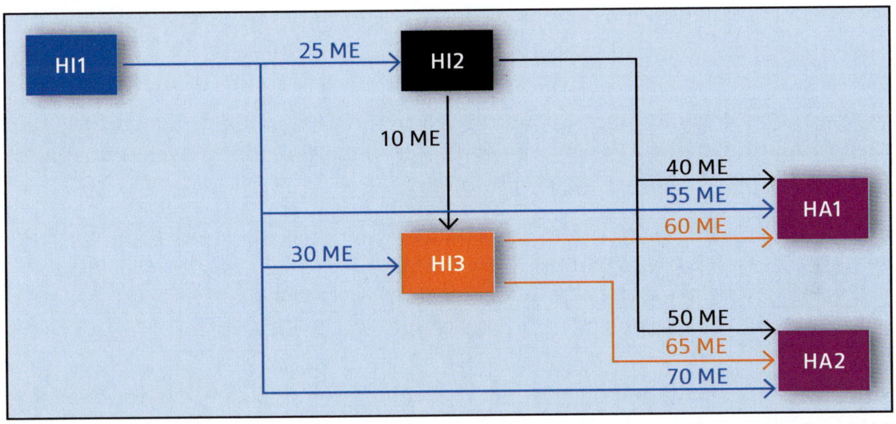

Berechnen Sie die Stellengemeinkosten für die beiden Hauptkostenstellen HA1 und HA2.

8.3 Grafische Lösung linearer Gleichungen und Gleichungssysteme mit zwei Variablen

In vielen ökonomischen Fragestellungen geht es nicht darum, für die Variablen des zugrunde liegenden Gleichungssystems Lösungen zu bestimmen. Sie sind vielmehr dadurch gekennzeichnet, dass der Wert einer Variablen davon abhängt, welche Werte die zweite Variable annimmt. In diesem Fall sprechen wir von einer **funktionalen Beziehung** zwischen den beiden Variablen:

- x_2 wird gleich **y** oder **f(x)** gesetzt und heißt **abhängige Variable.** Die Schreibweise f(x) wird gesprochen „f von x" und bezeichnet den Funktionswert, der sich ergibt, wenn für x eine bestimmte Zahl eingesetzt wird.
- x_1 ist die **unabhängige Variable.**

Grundform der linearen Funktion

Jede lineare Gleichung der Grundform $\mathbf{a_1x_1 + a_2x_2 = b}$ (vgl. Seite 74) lässt sich so umformen, dass die abhängige Variable $x_2 = y$ [= f(x)] isoliert im linken Term der Gleichung steht:

$$a_2x_2 = -a_1x_1 + b$$

$$\leftrightarrow \quad x_2 = \frac{-a_1}{a_2} \cdot x_1 + \frac{b}{a_2}$$

mit $x_2 = f(x)$

mit $\frac{-a_1}{a_2} = \mathbf{m}$

mit $x_1 = \mathbf{x}$

mit $\frac{b}{a_2} = \mathbf{n}$

Aus diesen Festlegungen bildet sich die Grundform der linearen Funktion:

$$\mathbf{f(x) = m \cdot x + n}$$

Beispiel

In einem Ein-Produkt-Unternehmen werden die Kosten, die Umsatzerlöse und die Produktionsmenge (= Absatzmenge) für die abgelaufene Rechnungsperiode nach folgender Tabelle ermittelt:

Kosten K(x)	darunter variable Kosten $K_v(x)$	darunter fixe Kosten K_f	Umsatzerlöse E(x)	Absatzmenge in Stück x
96.000,00	60.000,00	36.000,00	100.000,00	2000

Zur besseren Einschätzung der Marktsituation soll aus den Zahlen diejenige Absatzmenge x ermittelt werden, bei der die Gewinnschwelle (Gewinn = 0) erreicht wird.

Gewinnschwelle

Aus der obigen Aufstellung geht hervor, dass die Kosten von der Menge x abhängen. Insbesondere die variablen Kosten werden so definiert, dass sie in Abhängigkeit von der Menge x linear steigen oder fallen. Die fixen Kosten sollen sich innerhalb bestimmter Mengen nicht verändern. Der Erlös ist linear von der abgesetzten Menge abhängig.

Lösungsweg

Aus der obigen Beschreibung, wie sich die Kosten bei veränderten Mengen verhalten, ergibt sich folgende **Kostengleichung:**

$$K(x) = K_v(x) + K_f \quad \text{mit} \quad K_v(x) = k_v \cdot x$$

$$\leftrightarrow \quad K(x) = k_v \cdot x + K_f$$

kv steht für die je Stück anfallenden variablen Kosten; das sind im obigen Beispiel **60.000,00 € : 2 000 Stück = 30,00 €/Stück.** Damit ist die Abhängigkeit der variablen Kosten von der Menge x mathematisch ausgedrückt. Die unveränderlichen fixen Kosten werden mit der Größe 36.000,00 € in die Funktionsgleichung eingesetzt. Damit ergibt sich als **Kostenfunktion:**

$$K(x) = 30 \cdot x + 36.000$$

Entsprechend werden die **Stückerlöse** (= Stückpreis) berechnet und somit die Erlöse in Abhängigkeit zur Menge x gesetzt:

100.000,00 € : 2 000 Stück = 50,00 €/Stück

Es ergibt sich die **Erlösfunktion**

$$E(x) = 50 \cdot x.$$

Die obige Aufgabenstellung verlangt, für die beiden Funktionsgleichungen

$$E(x) = 50 \cdot x$$

und

$$K(x) = 30 \cdot x + 36.000$$

Berechnung der Gewinnschwelle

die Gewinnschwelle zu bestimmen, also die Bedingung zu untersuchen, bei der der **Gewinn = 0** ist oder – was das gleiche bedeutet – bei der die Erlöse und die Kosten, also die linken Seiten des obigen Gleichungssystems, gleich sind:

$$E(x) = K(x)$$

Lösung

Wenn aber in einem Gleichungssystem die linken Seiten gleich sind, so sind auch die rechten Seiten gleich! Folglich gilt:

$$50 \cdot x = 30 \cdot x + 36.000$$
$$\leftrightarrow \quad 20 \cdot x = 36.000$$
$$\leftrightarrow \quad x = \mathbf{1\,800}$$

Die **Gewinnschwelle** für diese Produktion liegt bei 1 800 Stück. Unterhalb dieser Menge würden die Kosten größer sein als die Erlöse, also Verluste entstehen. Oberhalb dieser Menge übersteigen die Erlöse die Kosten, und das Unternehmen erzielt Gewinne.

Grafische Darstellung

Im grafischen Bild wird die rechnerische Lösung anschaulich. Hierzu werden die beiden Funktionen

$$E(x) = 50x$$

und

$$K(x) = 30x + 36\,000$$

in einem Koordinatensystem dargestellt. In diesem Koordinatensystem wird die waagerechte Achse mit der unabhängigen Mengenvariablen „x" benannt, die senkrechte Achse mit den abhängigen Erlös- und Kostenvariablen E(x) bzw. K(x). Die in den rechten Seiten der Funktionsgleichungen stehenden Zahlen geben an, wie das Bild (der Graph) bei unterschiedlichen Werten für x zu konstruieren ist:

Die vor der Variablen x stehende Zahl **„m"** bestimmt, wie der Graph steigt. Die zusätzliche Zahl **„n"** gibt den Schnittpunkt des Graphen mit der senkrechten Achse an.

Die grafische Darstellung verdeutlicht, dass die Erlösfunktion (in der grafischen Darstellung blau) im Ursprung des Koordinatensystems beginnt und stärker steigt (m = 50) als die Kostenfunktion (m = 30). Bei der Menge x = 1 800 sind Kosten und Erlös gleich hoch. Danach beginnt die **Gewinnzone**.

Die Kostenfunktion beginnt in Höhe der fixen Kosten (Kf = 36.000), steigt schwächer als die Erlösfunktion und schneidet die Erlösfunktion bei einer Menge von x = 1 800. Bis zu diesem Schnittpunkt arbeitet das Unternehmen mit Verlust.

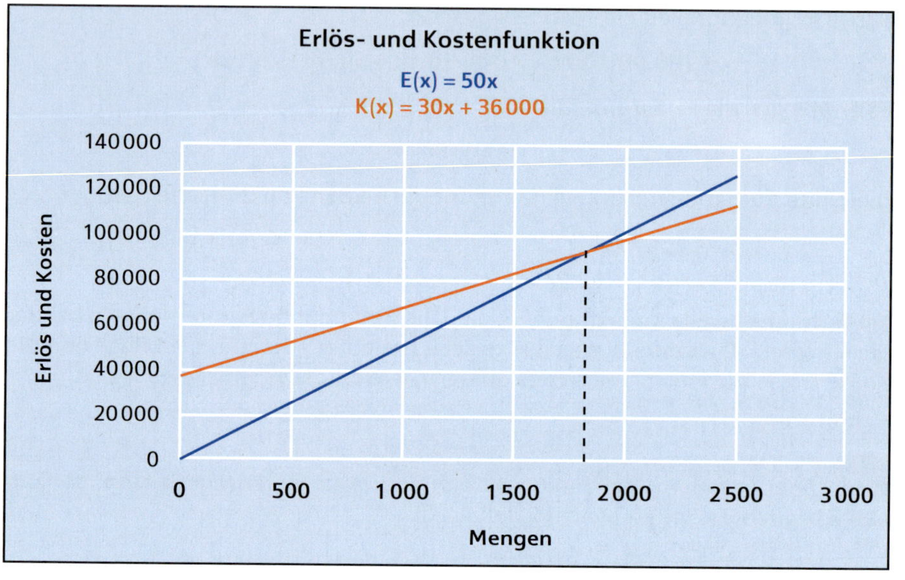

Wertetabelle

Die folgende Wertetabelle für ausgewählte x-Werte zeigt die Abhängigkeit der Kosten und Erlöse von der Menge. Sie dient auch dazu, die Funktionsverläufe zu konstruieren. Insbesondere wird deutlich, dass die **Stückkosten** mit wachsender Menge abnehmen (**Kostendegression** aufgrund des Fixkostenanteils in den Gesamtkosten), während die **Stückerlöse** gleich bleiben.

Menge x	Kosten K(x) = 30x + 36000	Stückkosten k(x)	Erlöse E(x) = 50x	Stückerlöse e(x)	
0	36.000,00	–	0,00	–	Verlustzone
100	39.000,00	390,00	5.000,00	50,00	
500	51.000,00	102,00	25.000,00	50,00	
1 000	66.000,00	66,00	50.000,00	50,00	
1 500	81.000,00	54,00	75.000,00	50,00	
1 800	**90.000,00**	**50,00**	**90.000,00**	**50,00**	G(x) = 0
2 000	96.000,00	48,00	100.000,00	50,00	Gewinnzone
2 500	111.000,00	44,40	125.000,00	50,00	
3 000	126.000,00	42,00	150.000,00	50,00	

Beispiel

Investitions-rechnung

Für die Durchführung eines Kundenauftrags benötigt ein Unternehmen eine zusätzliche maschinelle Anlage. Dem Unternehmen liegen die Angebote MA1 und MA2 von zwei Lieferanten vor. Die Kostenrechnung liefert für die beiden Anlagen folgende Kosten:

Kosten	MA1	MA2
Variable Kosten je Stück	11,50 €	10,75 €
Fixe Kosten je Jahr	6.000,00 €	7.500,00 €

Welche maschinelle Anlage sollte bei einer geplanten Produktionsmenge von 1 500 Stück/Jahr angeschafft werden?

Die Frage stellt darauf ab, welche maschinelle Anlage bei der geplanten Stückzahl kostengünstiger ist. Der Lösungsweg geht über die Berechnung derjenigen Produktionsmenge, bei der beide Maschinen **gleiche Kosten** verursachen.

Lösung

Kosten der Anlage MA1 $K1(x) = 11{,}50 \cdot x + 6000$
Kosten der Anlage MA2 $K2(x) = 10{,}75 \cdot x + 7500$

Unter der Bedingung, dass beide Kosten gleich groß sein sollen, also

$K1(x) = K2(x)$

folgt

$$11{,}5 \cdot x + 6000 = 10{,}75 \cdot x + 7500$$
$$\leftrightarrow \quad 0{,}75 \cdot x = 1500$$
$$\leftrightarrow \quad x = \mathbf{2000}$$

Aus der **Wertetabelle** und der **grafischen Darstellung** gehen hervor, dass die Maschinenanlage MA1 bei der geplanten jährlichen Produktionsmenge von 1 500 Stück kostengünstiger arbeitet. Es lässt sich daraus auch ableiten, dass die Entscheidung bei einer zukünftig erwarteten Produktionsmenge x > 2000 zugunsten der Maschinenanlage MA2 fallen wird.

Produktions-menge x	Kosten MA1 K1(x) = 11,5x + 6000	Kosten MA2 K2(x) = 10,75x + 7500	Entscheidung
0	6 000,00	7.500,00	K1(x) < K2(x) → **MA1**
100	7 150,00	8.575,00	
500	11.750,00	12.875,00	
1 000	17.500,00	18.250,00	
1 500	23.250,00	23.625,00	
2000	**29.000,00**	**29.000,00**	**K1(x) = K2(x)**
2 500	34.750,00	34.375,00	K1(x) > K2(x) → **MA2**
3000	40.500,00	39.750,00	

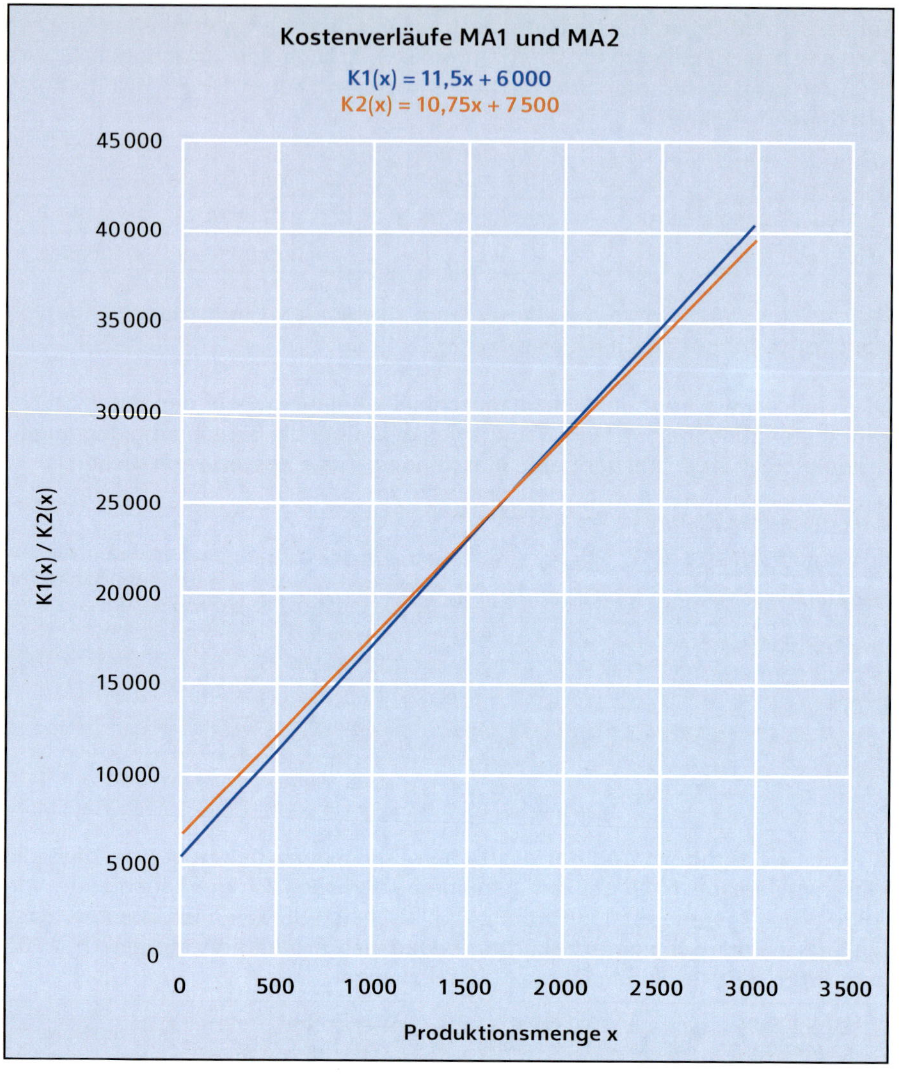

Aufgabe 118 Aufgrund einer Marktanalyse stellt ein Unternehmer fest, dass er den Absatz eines elektronischen Gerätes aufgrund einer geringfügigen Preisanpassung deutlich erhöhen kann. Den größeren Absatz kann er aber nur realisieren, wenn er eine Kapazitätsanpassung vornimmt. Dafür hat er zwei Alternativen:

Modernisierung der bisherigen Werkstattfertigung oder Umstellung auf Fließfertigung. Die Entscheidung will er aufgrund der folgenden Daten treffen:

	Variable Kosten	Fixe Kosten
Werkstattfertigung	280,00 € je Stück	6.000,00 €
Fließfertigung	240,00 € je Stück	18.000,00 €

Bestimmen Sie die kritische Menge, ab der sich die Umstellung auf die Fließfertigung lohnt und stellen Sie die Ergebnisse grafisch dar.

Aufgabe 119

Die Kostenanalyse für die Produktion eines Erzeugnisses ergibt folgende Daten:

Produktionsmenge	500 Stück	1 000 Stück	1 500 Stück	2 000 Stück	2 500 Stück	
Variable Kosten	17.500,00 €	35.000,00 €	52.500,00 €	70.000,00 €	87.500,00 €	
Fixe Kosten/ Periode						45.000,00 €

Der Unternehmer kann das Erzeugnis zu einem Preis von 65,00 € je Stück absetzen.

1. *Bestimmen Sie die Kosten- und Erlösfunktion.*
2. *Berechnen Sie die Gewinnschwelle.*
3. *Stellen Sie die Ergebnisse grafisch dar.*
4. *Die Kapazitätsgrenze soll bei 5 000 Stück liegen. Wie hoch wäre der Gewinn an der Kapazitätsgrenze?*

Zusammenstellung der Gleichungen und Formeln

1. Dreisatz

Einfacher Dreisatz mit proportionalen Beziehungen

Zwei Größen stehen in der Beziehung MEHR → MEHR bzw. WENIGER → WENIGER zueinander.

Gleiche Größen stehen im Ansatz untereinander.
Die gesuchte Größe steht am Ende des Ansatzes.

Ansatz:

Bedingungssatz:	Menge a Größe A ~ Menge c Größe B
Fragesatz:	Menge b Größe A ~ gesuchte Menge x Größe B?

Lösungsgleichung: $$\text{Menge x Größe B} = \frac{\text{Menge c Größe B} \cdot \text{Menge b Größe A}}{\text{Menge a Größe A}}$$

Einfacher Dreisatz mit umgekehrt proportionalen Beziehungen

Zwei Größen stehen in der Beziehung MEHR → WENIGER bzw. WENIGER → MEHR zueinander.

Gleiche Größen stehen im Ansatz untereinander.
Die gesuchte Größe steht am Ende des Ansatzes.

Ansatz:

Bedingungssatz:	Menge a Größe A ~ Menge c Größe B
Fragesatz:	Menge b Größe A ~ gesuchte Menge x Größe B?

Lösungsgleichung: $$\text{Menge x Größe B} = \frac{\text{Menge c Größe B} \cdot \text{Menge a Größe A}}{\text{Menge b Größe A}}$$

Zusammengesetzter Dreisatz

Bei zusammengesetzten Dreisätzen hängt die gesuchte Größe **x** gleichzeitig von mehreren anderen Größen ab. Schrittweise wird die gesuchte Größe **x** mit jeder anderen Größe auf proportionale oder umgekehrt proportionale Beziehungen untersucht und sodann die Lösungsgleichung nach den oben aufgestellten Regeln gebildet.

2. Verhältnisgleichung

Alle Aufgaben, die über den Dreisatz lösbar sind, lassen sich auch mithilfe der Verhältnisgleichung lösen!

Verhältnis

Der Quotient zweier **gleich benannter** Zahlen wird **Verhältnis** genannt.

Menge a Größe A : Menge b Größe A (kurz a : b)

↔

$\frac{\text{Menge a Größe A}}{\text{Menge b Größe A}}$ kurz $\frac{a}{b}$

Proportionale Verhältnisgleichungen

Verhältnisgleichung

Zwei **gleichwertige Verhältnisse,** die in proportionaler Beziehung zueinander stehen, können zu einer Verhältnisgleichung verbunden werden.

Menge a Größe A : Menge b Größe A = Menge c Größe B : Menge d Größe B

kurz $\mathbf{a : b = c : d}$ ↔ $\frac{a}{b} = \frac{c}{d}$

Aus der Verhältnisgleichung wird durch „Über-Kreuz-Multiplikation" die **Produktgleichung**

$\mathbf{a \cdot d = c \cdot b}$

Lösung

Verhältnisgleichungen werden also nach dem Grundsatz gelöst:

Das Produkt der äußeren Glieder ist gleich dem Produkt der inneren Glieder.

Die Produktgleichung ist nach der gesuchten Größe umzustellen, ist z. B. „a" die gesuchte Größe, so lautet die Lösungsgleichung:

$$a = \frac{\mathbf{b \cdot c}}{\mathbf{d}}$$

Umgekehrt proportionale Verhältnisgleichungen

Stehen zwei Verhältnisse umgekehrt proportional zueinander, so gilt:

$\mathbf{a : b = d : c}$

und die zugehörige Produktgleichung lautet:

$\mathbf{a \cdot c = b \cdot d}$

Die Produktgleichung ist nach der gesuchten Größe umzustellen, ist z. B. „a" die gesuchte Größe, so lautet die Lösungsgleichung:

$$a = \frac{\mathbf{b \cdot d}}{\mathbf{c}}$$

3. Währungsrechnung

Handel mit Sorten

Verkauft die Bank ausländische Währung, so bedeutet das, dass sie **EURO ankauft.** Sie „zahlt“ dem Kunden für jeden angekauften EURO den **Ankaufskurs:**

ausländischer Währungsbetrag = Ankaufskurs · EUR-Betrag

Kauft die Bank ausländische Währungen an, so bedeutet das, dass sie **EURO verkauft.** Sie „zahlt“ dem Kunden für jeden verkauften EURO den **Verkaufskurs:**

EURO-Betrag = ausländischer Währungsbetrag : Verkaufskurs

Handel mit Devisen

Überweist die Bank ausländische Währung, so bedeutet das, dass sie vom Kunden **EURO ankauft.** Sie belastet das Konto des Kunden für jeden angekauften EURO den **Ankaufskurs:**

ausländischer Währungsbetrag = Geldkurs · EUR-Betrag

Nimmt die Bank ausländische Währungen an, so bedeutet das, dass sie **EURO verkauft.** Sie schreibt dem Kunden für jeden verkauften EURO den **Briefkurs** gut:

EURO-Betrag = ausländischer Währungsbetrag : Briefkurs

4. Durchschnittsrechnung

Einfacher Durschnitt (arithmetisches Mittel)

Der einfache Durchschnitt errechnet sich nach der Gleichung:

$$\bar{x} = \frac{\text{Summe der Einzelgrößen}}{\text{Anzahl der Einzelgrößen}} \quad \text{oder} \quad \bar{x} = \frac{a_1 + a_2 + \ldots + a_n}{n}$$

Gewogener Durchschnitt (= gewogenes arithmetisches Mittel)

Der gewogene Durchschnitt errechnet sich nach der Gleichung:

$$\bar{x} = \frac{\text{gewogene Summe der Einzelgrößen}}{\text{Summe der Einzelgrößen}} \quad \text{oder}$$

$$\bar{x} = \frac{a_1 \cdot b_1 + a_2 \cdot b_2 + a_3 \cdot b_3 + \ldots + a_n \cdot b_n}{a_1 + a_2 + a_3 + \ldots + a_n}$$

5. Verteilungsrechnung

Verteilung mit unterschiedlichen Verteilungsschlüsseln

Aufgaben zur Verteilungsrechnung werden mit Hilfe des Dreisatzes oder der Verhältnisgleichung gelöst.

Für den Lösungsansatz ist es vorteilhaft, wenn die Angaben der Aufgabe zuvor in einer Tabelle übersichtlich dargestellt werden (vergl. die Beispiele in Kapitel 5 ab Seite 33f.).

6. Prozentrechnung

Grundlagen

Die Prozentrechnung ist angewandte Bruchrechnung.

Prozentsatz	geschrieben als Bruch mit dem Nenner 100	geschrieben als Dezimalbruch
3 %	$\frac{3}{100}$	0,03
25 %	$\frac{25}{100}$	0,25
120 %	$\frac{120}{100}$	1,2
100 %	$\frac{100}{100}$	1

Durch den Bezug auf **100 % (= 1)** werden Beziehungen zwischen gleichen Zahlengrößen transparent und damit vergleichbar gemacht.

Das Zeichen „%" steht für den hundertsten Teil, z. B. $1\,\% = \frac{1}{100} = 0{,}01$;

$$100\,\% = \frac{100}{100} = 1$$

Begriffe der Prozentrechnung

Grundwert; abgekürzt **G**
Prozentwert; abgekürzt **P** (= Bruchteil von G)
Prozentsatz; abgekürzt **p %** (= Bruchteil von 100 %)
Prozentzahl; abgekürzt **p**

Die in der Prozentrechnung vorkommenden Größen G und P sowie 100 % und p % stehen in proportionalen Beziehungen zueinander.

G : P = 100 % : p %.

Aufgaben der Prozentrechnung lassen sich also mithilfe des Dreisatzes oder der Verhältnisgleichung lösen.

Berechnung des Prozentsatzes

Der **Prozentsatz** wird mithilfe folgender allgemeiner Gleichung bestimmt:

$$p\,\% = \frac{P \cdot 100\,\%}{G} \quad \leftrightarrow \quad p\,\% = \frac{P}{G} \qquad (\text{mit } 100\,\% = 1)$$

Für die Promillerechnung gelten die gleichen Rechenregeln wie für die Prozentrechnung.

Berechnung des Prozentwertes vom Grundwert

Bei gegebenem Grundwert G und gegebenem Prozentsatz p % wird der Prozentwert P nach folgender Gleichung berechnet:

$$P = \frac{G \cdot p\,\%}{100\,\%} \qquad P = \frac{G \cdot p\,‰}{1\,000\,‰}$$

Beachten Sie, dass 100 % bzw. 1 000 ‰ immer gleich 1 und dass p %, bzw. p ‰ jeweils als Dezimalbrüche zu schreiben sind.

Berechnung des Prozentwertes vom vermehrten Grundwert

Sind der vermehrte Grundwert (G + P) und der Prozentsatz p % gegeben und es wird nach dem Grundwert G gesucht, so ist zu rechnen:

$$G = \frac{\text{Vermehrter Grundwert } (G + P) \cdot 100\,\%}{(100\,\% + p\,\%)}$$

Ist nach dem Prozentwert P gefragt, so ist zu rechnen:

$$P = \frac{\text{Vermehrter Grundwert } (G + P) \cdot p\,\%}{(100\,\% + p\,\%)}$$

Beachten Sie, dass 100 % gleich 1 ist, und dass p %, bzw. (100 % + p %) jeweils als Dezimalbrüche zu schreiben sind.

Berechnung des Prozentwertes vom verminderten Grundwert

Sind der verminderte Grundwert (G – P) und der Prozentsatz p % gegeben und es wird nach dem Grundwert G gesucht, so ist zu rechnen:

$$G = \frac{\text{Verminderter Grundwert } (G - P) \cdot 100\,\%}{(100\,\% - p\,\%)}$$

Ist nach dem Prozentwert P gefragt, so ist zu rechnen:

$$P = \frac{\text{Verminderter Grundwert } (G - P) \cdot p\,\%}{(100\,\% - p\,\%)}$$

Beachten Sie, dass 100 % gleich 1 ist, und dass p % sowie (100 % – p %) jeweils als Dezimalbrüche zu schreiben sind.

Berechnung des Grundwertes

Sind in einer Prozentaufgabe der Prozentwert und der Prozentsatz gegeben und es ist nach dem Grundwert gefragt, so ist zu rechnen:

$$G = \frac{P \cdot 100\,\%}{p\,\%}$$

Sind Prozentwert und Prozentsatz gegeben und es wird nach dem vermehrten Grundwert gefragt, so ist zu rechnen:

$$G + P = \frac{P \cdot (100\,\% + p\,\%)}{p\,\%}$$

Sind Prozentwert und Prozentsatz gegeben und es wird nach dem verminderten Grundwert gefragt, so ist zu rechnen:

$$G - P = \frac{P \cdot (100\,\% - p\,\%)}{p\,\%}$$

Beachten Sie, dass 100 % gleich 1 ist und dass p %, (100 % + p %) sowie (100 % – p %) jeweils als Dezimalbrüche zu schreiben sind.

7. Zinsrechnung

Zinsen für **n Jahre** (ohne Zinseszins) werden wie folgt berechnet:

$$Z_n = \frac{K \cdot p\,\% \cdot n}{100\,\%}$$ mit „n" = Anzahl der Zinsjahre

Der rechte Bruch wird im Zähler und Nenner mit 100 erweitert und ergibt:

$$Z_n = \frac{K \cdot p \cdot n}{100}$$

Die Zinsen für **t Tage** werden wie folgt berechnet:

$$Z_t = \frac{K \cdot p\,\% \cdot t}{100\,\% \cdot 360}$$ mit „t" = Anzahl der Zinstage

Der rechte Bruch wird im Zähler und Nenner mit 100 erweitert und ergibt:

$$Z_t = \frac{K \cdot p \cdot t}{100 \cdot 360}$$

Zinsen für **m** Monate werden wie folgt berechnet:

$$Z_m = \frac{K \cdot p\,\% \cdot m}{100\,\% \cdot 12}$$ mit „m" = Anzahl der Zinsmonate

Der rechte Bruch wird im Zähler und Nenner mit 100 erweitert und ergibt:

$$Z_m = \frac{K \cdot p \cdot m}{100 \cdot 12}$$

In der Zinsrechnung wird die Zeit in Form eines Faktors berücksichtigt. Bei **n** Jahren beträgt dieser Faktor n, bei t Tagen $\frac{t}{360}$ und bei m Monaten $\frac{m}{12}$.

Summarische Zinsrechnung

In der summarischen Zinsrechnung wird die Summe der Zinsen wie folgt berechnet:

$$\text{Zinsen} = \frac{\text{Summe der Zinszahlen}}{\text{Zinsdivisor}}$$

Die **Zinszahlen** (= #) ergeben sich aus:

$$\# = \frac{\text{Kapital} \cdot \text{Tage}}{100}$$

Die Zinszahlen werden kaufmännisch gerundet, sind also immer ganze Zahlen.

Der **Zinsdivisor** ist der **Nenner des Stammbruches aus** $\frac{p}{360}$ und wird berechnet:

$$\text{Zinsdivisor} = 360 : p$$

8. Lineare Gleichungssysteme

In der Normalform hat ein lineares Gleichungssystem genauso viele Gleichungen wie Variable sowie unterschiedliche Absolutglieder $b_1, b_2, b_3, \ldots, b_n$ und ist dann in der Regel eindeutig lösbar.

Ein Gleichungssystem mit **zwei** Variablen x_1, x_2, unterschiedlichen Koeffizienten $a_{11}, \ldots, a_{22}$ und **zwei** Gleichungen mit unterschiedlichen Absolutglieder b1, b2 wird allgemein wie folgt beschrieben:

$$a_{11}x_1 + a_{21}x_2 = b_1$$
$$a_{12}x_1 + a_{22}x_2 = b_2$$

Lineare Gleichungssysteme können rechnerisch über das Einsetzungs-, das Gleichsetzungs- oder das Additionsverfahren gelöst werden.

Anwendungen finden Gleichungssysteme bei Aufgaben zur Teileverflechtung, zur Verrechnung innerbetrieblicher Leistungen und zur Optimierung betriebswirtschaftlicher Entscheidungen (Break-even-Point, optimaler Maschineneinsatz, optimale Losgröße).

Bei der grafischen Darstellung linearer Gleichungen wird die Variable x_2 zur abhängigen Variablen mit der Bezeichnung „y“ oder „f(x); sie steht isoliert im linken Term der Gleichung. Die Variable x_1 wird zur unabhängigen Variablen mit der Bezeichnung „x“. Wir sprechen dann von einer linearen Funktion in der Grundform

$$y = m \cdot x + n \qquad \text{bzw.} \qquad f(x) = m \cdot x + n.$$

Die Zahl „m“ gibt die Steigerung des Funktionsgrafen an, die Zahl „n“ den Schnittpunkt mit der senkrechten Achse im Koordinatensystem. Die Konstruktion des Funktionsgrafen ist auch über eine Wertetabelle möglich (vgl. Seiten 84 bis 86).

Lösungen zu den Aufgaben

Aufgabe 1

700 m^2 ~ 2.625,00 €
240 m^2 ~ x €

$$x\,€ = \frac{2.625{,}00\,€ \cdot 240\,m^2}{700\,m^2} = 900{,}00\,€ \text{ Mietkosten}$$

Aufgabe 2

3 250 kg ~ 156,00 €
1 775 kg ~ x €

$$x\,€ = \frac{156{,}00\,€ \cdot 1\,775\,kg}{3\,250\,kg} = 85{,}20\,€ \text{ Frachtkosten}$$

Aufgabe 3

440 m^2 ~ 3.190,00 €
150 m^2 ~ x €

$$x\,€ = \frac{3.190{,}00\,€ \cdot 150\,m^2}{440\,m^2} = 1.087{,}50\,€ \text{ Mietkosten}$$

Aufgabe 4

750 Aufträge ~ 360 Vorgänge
800 Aufträge ~ x Vorgänge

$$x\text{ Vorg.} = \frac{360\text{ V.} \cdot 800\text{ Auft.}}{750\text{ Auft.}} = 384\text{ Kopiervorgänge; Kopierkosten} = 0{,}25\,€ \cdot 384 = 96{,}00\,€$$

Aufgabe 5

150 Geh. ~ 4.170,00 €
14 Geh. ~ x €

$$x\,€ = \frac{4.170{,}00\,€ \cdot 14\text{ Geh.}}{150\text{ Geh.}} = 389{,}20\,€ \text{ Gutschrift netto}$$

Aufgabe 6

3 200 P/Std. ~ 15 Std.
4 000 P/Std. ~ x Std.

$$x\text{ Std.} = \frac{15\text{ Std.} \cdot 3\,200\text{ P/Std.}}{4\,000\text{ P/Std.}} = 12\text{ Stunden}$$

Aufgabe 7

175 m/Tag ~ 12 Tage
210 m/Tag ~ x Tage

$$x \text{ Tage} = \frac{12 \text{ Tage} \cdot 175 \text{ m/Tag}}{210 \text{ m/Tag}} = 10 \text{ Tage}$$

Aufgabe 8

12,50 €/Std. ~ 38,5 Std./Woche
12,92 €/Std. ~ x Std./Woche

$$x \text{ Std.} = \frac{38{,}5 \text{ Std.} \cdot \mathbf{12{,}50} \text{ €/Std.}}{12{,}92 \text{ €/Std.}} = 37{,}248 \text{ Std./Woche}$$

Die Arbeitszeitverkürzung beträgt ca. 1 ¼ Std./Woche (= 75 Minuten/Woche)

Aufgabe 9

8 Std./Tg ~ 60.000 Flaschen ~ 5 Automaten
7,5 Std./Tg ~ 80.000 Flaschen ~ x Automaten

$$x \text{ Automaten} = 5 \text{ Automaten} \cdot \frac{8 \text{ Std.} \cdot 80\,000 \text{ Fl.}}{75 \text{ Std.} \cdot 60\,000 \text{ Fl.}} = 7{,}1 \text{ Automaten}$$

Mit **2 zusätzlichen Automaten** sind die Bedingungen nahezu erfüllt.

Aufgabe 10

8 Arbeiter ~ 8 Std./Tag ~ 60 PC ~ 4 Tage
8 Arbeiter ~ 8 Std./Tag ~ 80 PC ~ x Tage

$$x \text{ Tage} = 4 \text{ Tage} \cdot \frac{80 \text{ PC}}{60 \text{ PC}} = 5\,{}^1/_3 \text{ Tage}$$

Der Auftrag lässt sich in 5 Tagen nicht durchführen. Bei einer Erhöhung der Arbeitszeit um $^1/_2$ Std./Tag ist die Arbeit in etwa zu schaffen.

Aufgabe 11

8 Std./Tg ~ 6 Näherinnen ~ 500 Hemden ~ 5 Tage
9 Std./Tg ~ 5 Näherinnen ~ 750 Hemden ~ x Tage

$$x \text{ Tage} = 5 \text{ Tage} \cdot \frac{8 \text{ Std./Tag} \cdot 6 \text{ Näh.} \cdot 750 \text{ Hemden}}{9 \text{ Std./Tag} \cdot 5 \text{ Näh.} \cdot 500 \text{ Hemden}} = \mathbf{8 \text{ Tage}}$$

Aufgabe 12

5 Pressen ~ 20.000 Teile ~ 7,5 Std./Tag ~ 100 % ~ 5 Tage
8 Pressen ~ 30.000 Teile ~ 8 Std./Tag ~ 90 % ~ x Tage

$$x \text{ Tage} = \frac{5 \text{ Tage} \cdot 5 \text{ Pressen} \cdot 30\,000 \text{ Teile} \cdot 7{,}5 \text{ Std.}}{\text{Tag} \cdot 1/8 \text{ Pressen} \cdot 20\,000 \text{ Teile} \cdot 8 \text{ Std./Tag} \cdot 0{,}9} = \mathbf{4{,}88 \text{ Tage}}$$

Der Auftrag kann in weniger als 5 Arbeitstagen ausgeführt werden.

Aufgabe 13

6 Handwerker ~ 8 Std. ~ 12 Tage
8 Handwerker ~ 9 Std. ~ x Tage

$$x \text{ Tage} = 12 \text{ Tage} \cdot \frac{6 \text{ Handwerker} \cdot 8 \text{ Std./Tag}}{8 \text{ Handwerker} \cdot 9 \text{ Std./Tag}} = \mathbf{8\ Tage}$$

Aufgabe 14

220 t/Std. ~ 18 Stunden ~ 5 Pumpen
150 t/Std. ~ 22 Stunden ~ x Pumpen

$$x \text{ Pumpen} = 5 \text{ Pumpen} \cdot \frac{220 \text{ t/Std.} \cdot 18 \text{ Std.}}{150 \text{ t/Std.} \cdot 22 \text{ Std.}} = \mathbf{6\ Pumpen}$$

Aufgabe 15

3 Zuflüsse ~ 4.000 l/Std. ~ 30 Stunden
2 Zuflüsse ~ 7.500 l/Std. ~ x Stunden

$$x \text{ Std.} = 30 \text{ Std.} \cdot \frac{3 \text{ Zuflüsse} \cdot 4\,000 \text{ l/Std.}}{2 \text{ Zuflüsse} \cdot 7\,500 \text{ l/Std.}} = \mathbf{24\ Stunden}$$

Aufgabe 16

Beim Dreisatz werden zwei unterschiedliche Größen in einem Bedingungssatz verbunden (z. B. 5 Paletten verursachen 140,00 € Frachtkosten). Im Fragesatz wird der veränderte Wert der einen Größe vorgegeben (z. B. 7 Palette) und nach dem Wert der anderen Größe gefragt (z. B. x Frachtkosten?). Die Lösung erfolgt über den Schluss auf die Einheit.

Bei der Verhältnisgleichung werden zwei gleichbenannte Größenpaare mit unterschiedlichen Zahlenwerten (von denen einer der gesuchte ist) in einer Gleichung so zugeordnet, dass die Größenpaare gleiche Verhältnisse bilden.

Aufgabe 17

(1)

$2.625{,}00\ € : x\ € = 700\ m^2 : 240\ m^2$

$\leftrightarrow$

$x\ € \cdot 700\ m^2 = 2.625{,}00\ € \cdot 240\ m^2$

$\leftrightarrow$

$$x\ € = \frac{2.625{,}00\ € \cdot 240\ m^2}{700\ m^2} = 900{,}00\ € \text{ Mietkosten}$$

(2)

$156{,}00\ € : x\ € = 3\,250\ kg : 1\,775\ kg$

$\leftrightarrow$

$x\ € \cdot 3\,250\ kg = 156{,}00\ € \cdot 1\,775\ kg$

$\leftrightarrow$

$$x\ € = \frac{156{,}00\ € \cdot 1\,775\ kg}{3\,250\ kg} = 85{,}20\ € \text{ Frachtkosten}$$

(3)

$3.190,00\ € : x\ € = 440\ m^2 : 150\ m^2$

$\leftrightarrow$

$x\ € \cdot 440\ m^2 = 3.190,00\ € \cdot 150\ m^2$

$\leftrightarrow$

$x\ € = \frac{3.190,00\ € \cdot 150\ m^2}{440\ m^2} = 1.087,50\ €$ Mietkosten

(4)

360 Vorg. : x Vorg. = 750 Auftr. : 800 Auftr.

$\leftrightarrow$

x Vorg. · 750 Auftr. = 360 Vorg. · 800 Auftr.

$\leftrightarrow$

$x\ \text{Vorg.} = \frac{360\ \text{V.} \cdot 800\ \text{Auftr.}}{750\ \text{Auftr.}} = 384$ Kopiervorgänge

(5)

4.170,00 € : x € = 150 Geh. : 14 Geh.

$\leftrightarrow$

x € · 150 Geh. = 4.170,00 € · 14 Geh.

$\leftrightarrow$

$x\ € = \frac{4.170,00\ € \cdot 14\ \text{Geh.}}{150\ \text{Geh.}} = 389,20\ €$ Gutschrift

Aufgabe 18

7 Std/Woche : 10 Std./Woche = 64,75 € : x €

$\leftrightarrow$

x € · 7 Std./Woche = 64,75 € · 10 Std./Woche

$\leftrightarrow$

$x\ € = \frac{64,75\ € \cdot 10\ \text{Std./Woche}}{7\ \text{Std./Woche}} = 92,50\ €/\text{Woche}$

Aufgabe 19

(6)

15 Std. : x Std. = 4 000 P/Std. : 3 200 P/Std.

$\leftrightarrow$

x Std. · 4 000 P/Std. = 15 Std. · 3 200 P/Std.

$\leftrightarrow$

$x\ \text{Std.} = \frac{15\ \text{Std.} \cdot 3\,200\ \text{P/Std.}}{4\,000\ \text{P/Std.}} = 12$ Stunden

(7)

12 Tage. : x Tage = 210 m/Tag. : 175 m/Tag

$\leftrightarrow$

x Tage · 210 m/Tag = 12 Tage. · 175 m/Tag

$\leftrightarrow$

$x\ \text{Tage} = \frac{12\ \text{Tage} \cdot 175\ \text{m/Tag}}{210\ \text{m/Tag}} = 10$ Tage

(8)

38,5 Std./Woche : x Std./Woche = 12,92 €/Std. : 12,50 €/Std.

↔

x Std./Woche · 12,92 €/Std. = 38,5 Std./Woche · 12,50 €/Std.

↔

$$x \text{ Std.} = \frac{38{,}5 \text{ Std.} \cdot 12{,}50 \text{ €/Std.}}{12{,}92 \text{ €/Std.}} = 37{,}248 \text{ Std./Woche}$$

Die Arbeitszeitverkürzung beträgt ca. 1 $^1/_4$ Std./Woche (= 75 Minuten/Woche).

Aufgabe 20

a) Devisen sind Forderungen in ausländischer Währung (Scheck, Wechsel, Sichtguthaben).
Ihr Handel wird auf der Grundlage von Devisenkursen abgewickelt.
Sorten sind ausländisches Bargeld (Münzen, Scheine).
Ihr Handel wird auf der Grundlage von Sortenkursen abgewickelt.

b) Aus der Sicht des Geldinstituts bedeutet der Verkauf einer ausländischen Währung einen **Ankauf** von Euro, der zum **Ankaufskurs** (= Geldkurs)abgewickelt wird. Der Ankauf einer ausländischen Währung durch die Bank stellt einen **Verkauf** (= Briefkurs) von Euro dar und wird zum **Verkaufskurs** abgewickelt.

c) Je nachdem, welche Grundlage für den Wechselkurs gewählt wird, unterscheidet man die **Mengennotierung** von der **Preisnotierung**. Mengennotierung meint die Angabe des Kurses für eine inländische Währungseinheit (z. B. 1 € ~ 1,0200 US-$). Preisnotierung meint die Angabe des Kurses für eine ausländische Währungseinheit (z. B. 1 US-$ ~ 0,9804 €).

Aufgabe 21

0,7301 GBP ~ 1,00 EUR
1.200,00 GBP ~ x EUR

x EUR = 1.200 GBP : 0,7301 GBP/EUR = 1.643,61 EUR

Aufgabe 22

1,00 EUR ~ 1,0069 CHF
3.000,00 EUR ~ x CHF

x CHF = 3.000,00 EUR · 1,0069 CHF/EUR = 3.020,70 CHF

Aufgabe 23

1,00 EUR ~ 1,3371 CAD
5.500,00 EUR ~ x CAD

x CAD = 5.500,00 EUR · 1,3371 CHF/EUR = 7.345,05 CAD

Aufgabe 24

1,5806 AUD ~ 1,00 EUR
1.240,00 AUD ~ x EUR

x EUR = 1.240 AUD : 1,5806 AUD/EUR = 784,51 EUR

Aufgabe 25

12,624 ZAR ~ 1,00 EUR
840,00 ZAR ~ x EUR

x EUR = 840,00 ZAR : 12,624 ZAR/EUR = 66,54 EUR

Aufgabe 26

Umtausch von EUR in TRY bei hiesiger Bank:

1 EUR ~ 2,7886 TRY ↔ 100 TRY ~ 35,86 EUR.

Da der Kunde in Deutschland für 100 TRY einen höheren EUR-Betrag aufwenden muss als in der Türkei, lohnt sich der Umtausch in der Türkei.

Aufgabe 27

Listeneinkaufspreis für 20 Geräte	33.000,00 USD
– 5 % Rabatt	1.650,00 USD
Rechnungspreis	31.350,00 USD
– 2 % Skonto	627,00 USD
Bareinkaufspreis	30.723,00 USD
+ Frachtpauschale	420,00 USD
Bezugspreis	31.143,00 USD

1,0808 USD ~ 1,00 EUR
31.143,00 USD ~ x EUR

x EUR = 31.143,00 USD : 1,0808 USD/EUR = 28.814,77 EUR

1 Gerät kostet dann im Einkauf 1.440,74 EUR

Aufgabe 28

134,90 JPY ~ 1,00 EUR
5.800.000,00 JPY ~ x EUR

x EUR = 5.800.000,00 JPY : 134,90 JPY/EUR = 42.994,81 EUR Gutschrift

Aufgabe 29

a) Einkauf aus Japan

134,42 JPY ~ 1,00 EUR
835.000,00 JPY ~ x EUR

x EUR = 835.000,00 JPY : 134,42 JPY/EUR = 42.994,81 EUR Lastschrift

b)

Einkaufspreis	42.994,81 EUR
· 1,45 Aufschlagsfaktor	
Verkaufspreis	62.342,47 EUR

Verkauf nach Schweden

1,00 EUR ~ 10,7009 SKR
62.342,47 EUR ~ x SKR

x SKR = 10,7009 SKR/EUR · 62.342,47 EUR = 667.120,54 SKR

Aufgabe 30

Durchschnittskurs XY-Aktie $= \frac{30{,}84 + 30{,}36 + 30{,}18 + 30{,}73 + 31{,}21}{5} = \frac{153{,}32}{5} = 30{,}664$

Aufgabe 31

Monat	Abt. Verwaltung	Abt. Verkauf	Abt. Lager
Januar	12	40	8
Februar	12	38	8
März	10	35	7
April	10	36	7
Mai	14	41	8
Juni	14	44	10
Durchschnitt	72 : 6 = 12	234: 6 = 39	48 : 6 = 8
Durchschnitt insgesamt	12 + 39 + 8 = 59		
Durchschnitt insgesamt	oder (72 + 234 + 48) : 6 = 354 : 6 = 59		

Aufgabe 32

Wirtschaftsbereiche	Bruttoverdienst
Energiewirtschaft	2.051,00 €
Bergbau	2.036,00 €
Produktionsgüterindustrie	2.024,00 €
Baugewerbe	1.860,00 €
Banken/Versicherungen	2.456,00 €
Handel	1.783,00 €
Land- und Forstwirtschaft	1.579,00 €
Durchschnitt	13.789,00 € : 7 = 1.969,86 €

Aufgabe 33

$\frac{37\,240 + 32\,435 + 34\,756 + 31\,437 + 32\,834 + 43\,745}{6} = \frac{212\,447}{6} = 35\,407{,}83$

Mit durchschnittlich 35 407 Besuchern wurde die geplante Besucherzahl übertroffen.

Aufgabe 34

Lagerbewegung	Datum	Stückpreis	Menge	Gesamtwert
Anfangsbestand	01.01.	45,00 €	2000 Motoren	90.000,00 €
Zugang	10.02.	50,00 €	3000 Motoren	150.000,00 €
Zugang	10.08.	55,00 €	2000 Motoren	110.000,00 €
Zugang	12.10.	58,00 €	1500 Motoren	87.000,00 €
			8500 Motoren	437.000,00 €
			1 Motor	51,41 €

Aufgabe 35

Artikel	Einzelpreis	Stückzahl	Gesamtwert
Damenbluse Arnika	22,00 €	250	5.500,00 €
Damenbluse Steffi	26,00 €	300	7.800,00 €
Damenbluse Veronika	28,00 €	180	5.040,00 €
Damenbluse Siri	32,00 €	120	3.840,00 €
		850	22.180,00 €
		1 Bluse kostet	26,09 €

Aufgabe 36

Datum	Einzelpreis	Menge	Gesamtwert
12.01.	4,80 €/kg	3500 kg	16.800,00 €
02.02.	4,90 €/kg	3800 kg	18.620,00 €
23.02.	4,60 €/kg	4200 kg	19.320,00 €
12.03.	4,75 €/kg	3200 kg	15.200,00 €
		14700 kg	69.940,00 €
		1 kg kostet	4,76 €

Aufgabe 37

Sorte	Preis	Menge	Gesamtwert
Assam Broken	5,20 €/100 g	300 g	15,60 €
Assam Mangalan	7,20 €/100 g	250 g	18,00 €
Ceylon Premium	4,50 €/100 g	300 g	13,50 €
Darjeeling First Flush	9,50 €/100 g	150 g	14,25 €
		1000 g	61,35 €
		100 g kosten	6,14 €

Aufgabe 38

Mitarbeiter	Vert.-Schlüssel		Prämie
Abel	3		6.750,00 €
Berger	7		15.750,00 €
Czernik	4		9.000,00 €
Dick	5		11.250,00 €
	19 Ant.	~	42.750,00 €
	1 Ant.	~	42.750,00 € : 19 = 2.250,00 €

Aufgabe 39

Mitarbeiter	Umsatz in €	gekürzte Umsätze (: 2 500)		Prämien
Abel	297.500,00	119		8.801,47 €
Berger	382.500,00	153		11.316,18 €
Czernik	255.000,00	102		7.544,12 €
Dick	510.000,00	204		15.088,23 €
		578 Ant.	~	42.750,00 €
		1 Ant.	~	73,9619 €

Aufgabe 40

Verteilung der Transportkosten

Schaltafeln	2000 m²	10		650,00 €
Profilbretter	3000 m²	15		975,00 €
Dielenbretter	1600 m²	8		520,00 €
		33 Ant.	~	2.145,00 €
		1 Ant.	~	65,00 €

Verteilung der Versicherungsprämie

Schaltafeln	10.500,00 €	35		262,50 €
Profilbretter	16.500,00 €	55		412,50 €
Dielenbretter	25.200,00 €	84		630,00 €
		174 Ant.	~	1.305,00 €
		1 Ant.	~	7,50 €

Schaltafeln:	Bezugspreis insgesamt	11.412,50 €
	Bezugspreis je m²	5,71 €
Profilbretter:	Bezugspreis insgesamt	17.887,50 €
	Bezugspreis je m²	5,96 €
Dielenbretter:	Bezugspreis insgesamt	26.350,00 €
	Bezugspreis je m²	16,47 €

Aufgabe 41

Abteilung	Vert.-Schlüssel	Energiekosten
Einkauf	2	650,00 €
Lagerhaltung	8	2.600,00 €
Verwaltung	3	975,00 €
Verkauf	6	1.950,00 €
	19 Ant. ~	6.175,00 €
	1 Ant. ~	325,00 €

Aufgabe 42

Einzelhändler	Bruchteile	Vert.-Schlüssel	Werbekosten
A	$^{1}/_{6}$ = $^{10}/_{60}$	10	920,00 €
B	$^{1}/_{5}$ = $^{12}/_{60}$	12	1.104,00 €
C	$^{1}/_{4}$ = $^{15}/_{60}$	15	1.380,00 €
D	$^{3}/_{10}$ = $^{18}/_{60}$	18	1.656,00 €
E	$^{5}/_{60}$	5	460,00 €
	$^{60}/_{60}$	60 Ant. ~	5.520,00 €
		1 Ant. ~	92,00 €

Aufgabe 43

Unternehmer	Arbeitsstunden	Vert.-Schlüssel	Prämie
A	240	48	18.000,00 €
B	185	37	13.875,00 €
C	215	43	16.125,00 €
		128 Ant. ~	48.000,00 €
		1 Ant. ~	375,00 €

Aufgabe 44

Gesellschafter	Kapitaleinlage in €	Vert.-Schlüssel	Zuwendung vorab	vorläufiger Gewinnanteil	Gewinnanteil insgesamt
A	52.000,00	52	28.000,00	44.200,00	72.200,00
B	63.000,00	63	0,00	53.550,00	53.550,00
C	45.000,00	45	0,00	38.250,00	38.250,00
			28.000,00	+ 136.000,00	= 164.000,00
		160 Ant. ~		136.000,00	
		1 Ant. ~		850,00	

Aufgabe 45

1. Gewinnzuschlagssätze

Mai $\frac{45.000,00 \text{ €} \cdot 100 \text{ \%}}{310.345,00 \text{ €}} = \frac{45.000,00 \text{ €}}{310.345,00 \text{ €}} = 0,145 = 14,5 \text{ \%}$

Juni $\frac{52.000,00 \text{ €} \cdot 100 \text{ \%}}{342.105,00 \text{ €}} = \frac{52.000,00 \text{ €}}{342.105,00 \text{ €}} = 0,152 = 15,2 \text{ \%}$

Juli $\frac{39.000,00 \text{ €} \cdot 100 \text{ \%}}{309.524,00 \text{ €}} = \frac{39.000,00 \text{ €}}{309.524,00 \text{ €}} = 0,126 = 12,6 \text{ \%}$

August $\frac{63.000,00 \text{ €} \cdot 100 \text{ \%}}{360.000,00 \text{ €}} = \frac{63.000,00 \text{ €}}{360.000,00 \text{ €}} = 0,175 = 17,5 \text{ \%}$

September $\frac{58.000,00 \text{ €} \cdot 100 \text{ \%}}{350.000,00 \text{ €}} = \frac{58.000,00 \text{ €}}{350.000,00 \text{ €}} = 0,166 = 16,6 \text{ \%}$

2. Durchschnittlicher Gewinnzuschlagssatz

$$\overline{x}\ \% = \frac{14,5 \text{ \%} + 15,2 \text{ \%} + 12,6 \text{ \%} + 17,5 \text{ \%} + 16,6 \text{ \%}}{5} = \frac{76,4 \text{ \%}}{5} = 15,28 \text{ \%}$$

Aufgabe 46

1. Filiale München

Artikel	Umsatz in €	Anteil am Gesamtumsatz
Goldschmuck	284.000,00 €	42,61 %
Silberschmuck	122.000,00 €	18,30 %
Bestecke	136.000,00 €	20,41 %
Armbanduhren	124.500,00 €	18,68 %
Gesamtumsatz	666.500,00 €	100,00 %

Filiale Düsseldorf

Artikel	Umsatz in €	Anteil am Gesamtumsatz
Goldschmuck	335.000,00 €	42,49 %
Silberschmuck	145.000,00 €	18,39 %
Bestecke	152.000,00 €	19,28 %
Armbanduhren	156.400,00 €	19,84 %
Gesamtumsatz	788.400,00 €	100,00 %

2. Filiale München $\frac{666.500,00 \text{ €} \cdot 100 \text{ \%}}{1.454.900,00 \text{ €}} = \frac{666.500,00 \text{ €}}{1.454.900,00 \text{ €}} = 0,4581 = 45,81 \text{ \%}$

Filiale Düsseldorf $\frac{788.400,00 \text{ €} \cdot 100 \text{ \%}}{1.454.900,00 \text{ €}} = \frac{788.400,00 \text{ €}}{1.454.900,00 \text{ €}} = 0,5419 = 54,19 \text{ \%}$

Aufgabe 47

1. Abweichung von der Norm

I.	$\frac{-2}{750}$	=	– 2,67 ‰
II.	$\frac{-8}{750}$	=	– 10,67 ‰
III.	$\frac{+1}{750}$	=	+ 1,33 ‰
IV.			0 ‰
V.	$\frac{-6}{750}$	=	– 8 ‰
VI.	$\frac{-5}{750}$	=	– 6,67 ‰
VII.	$\frac{-4}{750}$	=	– 5,33 ‰
VIII.	$\frac{-1}{750}$	=	– 1,33 ‰
IX.	$\frac{-7}{750}$	=	– 9,33 ‰

2. Die Richtmarke 5 ‰ soll sowohl bei Überschreiten als auch bei Unterschreiten der Sollgröße von 750 ml maßgeblich sein. 5 ‰ von 750 ml = 3,75 ml; d. h. nach oben ist eine Abweichung auf 753,75 ml fehlerfrei, nach unten auf 746,25 ml. Die 1. Stichprobe hat also eine Abweichung von (746,25 – 748 =) – 1,75 ml usw.

   Abweichungen:

I	– 1,75 ml
II	+ 4,25 ml
III	– 2,75 ml
IV	– 3,75 ml
V	+ 2,25 ml
VI	+ 1,25 ml
VII	+ 0,25 ml
VIII	– 2,75 ml
IX	+ 3,25 ml

3. Es gibt insgesamt 5 fehlerhafte Abweichungen (= Unterschreitung der Norm)

Aufgabe 48

$$\text{Skontoabzug in \%} = \frac{5.510,75\ € \cdot 100\ \%}{234.500,00\ €} = \frac{5.510,75\ €}{234 \cdot 500,00\ €} = 0,0235 = 2,35\ \%$$

Aufgabe 49

1.

$$\text{Anlagevermögen in \%} = \frac{620.000,00\ € \cdot 100\ \%}{1.519.000,00\ €} = \frac{620.000,00\ €}{1.519.000,00\ €} = 0,4082 = 40,82\ \%$$

$$\text{Umlaufvermögen in \%} = \frac{899.000,00\ € \cdot 100\ \%}{1.519.000,00\ €} = \frac{899.000,00\ €}{1.519.000,00\ €} = 0,5918 = 59,18\ \%$$

$$\text{Eigenkapital in \%} = \frac{835.450,00\ € \cdot 100\ \%}{1.519.000,00\ €} = \frac{835.450,00\ €}{1.519.000,00\ €} = 0,55 = 55,0\ \%$$

$$\text{Fremdkapital in \%} = \frac{683.550,00\ € \cdot 100\ \%}{1.519.000,00\ €} = \frac{683.550,00\ €}{1.519.000,00\ €} = 0,45 = 45,0\ \%$$

2.

	Umlaufvermögen	899.000,00 €
–	Anlagevermögen	620.000,00 €
	Überschuss	279.000,00 €

$$\text{Überschuss in \%} = \frac{279.000,00\ € \cdot 100\ \%}{620.000,00\ €} = \frac{279.000,00\ €}{620.000,00\ €} = 0,45 = 45\ \%$$

Der Branchendurchschnitt wird deutlich überschritten.

Aufgabe 50

Berichtsjahr

$$\text{Eigenkapitalrentabilität in \%} = \frac{545.000,00\ € \cdot 100\ \%}{2.940.000,00\ €} = \frac{545.000,00\ €}{2.940.000,00\ €} = 0,1854 = 18,54\ \%$$

Vorjahr

$$\text{Eigenkapitalrentabilität in \%} = \frac{305.000,00\ € \cdot 100\ \%}{2.430.000,00\ €} = \frac{305.000,00\ €}{2.430.000,00\ €} = 0,1255 = 12,55\ \%$$

Im Berichtsjahr ist die Eigenkapitalrentabilität deutlich höher als im Vorjahr.

Aufgabe 51

	Selbstkostenpreis	34,25 €
+	Gewinn	4,11 €
	Barverkaufspreis	38,36 €

$$\text{Gewinn in \%} = \frac{4,11\ € \cdot 100\ \%}{34,25\ €} = \frac{4,11\ €}{34,25\ €} = 0,12 = 12\ \%$$

Aufgabe 52

$$\text{Prämiensatz in ‰} = \frac{4.800,00\ € \cdot 1\,000\ ‰}{1.200.000,00\ €} = \frac{4.800,00\ €}{1.200.000,00\ €} = 0,004 = 4\ ‰$$

Aufgabe 53

$$\text{Unterschied in \%} = \frac{17,34\ € \cdot 100\ \%}{220,00\ €} = \frac{17,34\ €}{220,00\ €} = 0,0788 = 7,88\ \%$$

Beachten Sie, dass sich die prozentuale Gesamtabweichung nicht aus der Addition der beiden Einzelabzüge (= 8 %) ergibt, da die Zuschlagsgrundlage jeweils unterschiedlich ist!

Aufgabe 54

Dreisatz

$$\begin{array}{l} 100\,\% \sim 85.000{,}00\,€ \\ \underline{12{,}5\,\% \sim \quad x \quad €} \end{array}$$

Verhältnisgleichung

$x\,€ : 85.000{,}00\,€ = 12{,}5\,\% : 100\,\%$

$\leftrightarrow$

$x\,€ \cdot 100\,\% = 85.000{,}00\,€ \cdot 12{,}5\,\%$

$$x\,€ = \frac{85.000{,}00\,€ \cdot 12{,}5\,\%}{100\,\%} = 85.000{,}00\,€ \cdot 0{,}125 = 10.625{,}00\,€$$

Der Abschreibungsbetrag macht 10.625,00 € aus, der Restbuchwert am Ende des Jahres 74.375,00 €

Aufgabe 55

Dreisatz

$$\begin{array}{l} 100\,\% \sim 188{,}00\,€ \\ \underline{4{,}5\,\% \sim \quad x \quad €} \end{array}$$

Verhältnisgleichung

$x\,€ : 188{,}00\,€ = 4{,}5\,\% : 100\,\%$

$\leftrightarrow$

$x\,€ \cdot 100\,\% = 188{,}00\,€ \cdot 4{,}5\,\%$

$$x\,€ = \frac{188{,}00\,€ \cdot 4{,}5\,\%}{100\,\%} = 188{,}00\,€ \cdot 0{,}045 = 8{,}46\,€$$

Die Preiserhöhung beträgt 8,46 €, der neue Listenpreis 196,46 €.

Aufgabe 56

1.

	10 Bohrmaschinen, brutto	1.625,00 €
–	20 % Rabatt	325,00 €
	Nettopreis	1.300,00 €
+	19 % Umsatzsteuer	247,00 €
	Rechnungsbetrag	1.547,00 €

Rabattabzug

Dreisatz

$$\begin{array}{l} 100\,\% \sim 1.625{,}00\,€ \\ \underline{20\,\% \sim \quad x \quad €} \end{array}$$

Verhältnisgleichung

$x\,€ : 1.625{,}00\,€ = 20\,\% : 100\,\%$

$\leftrightarrow$

$x\,€ \cdot 100\,\% = 1.625{,}00\,€ \cdot 20\,\%$

$$x\,€ = \frac{1.625{,}00\,€ \cdot 20\,\%}{100\,\%} = 1.625{,}00\,€ \cdot 0{,}20 = 325{,}00\,€$$

Umsatzsteuer

Dreisatz

$$\begin{array}{l} 100\,\% \sim 1.300{,}00\,€ \\ \underline{19\,\% \sim \quad x \quad €} \end{array}$$

Verhältnisgleichung

$x\,€ : 1.300{,}00\,€ = 19\,\% : 100\,\%$

$\leftrightarrow$

$x\,€ \cdot 100\,\% = 1.300{,}00\,€ \cdot 19\,\%$

$$x\,€ = \frac{1.300{,}00\,€ \cdot 19\,\%}{100\,\%} = 1.300{,}00\,€ \cdot 0{,}19 = 247{,}00\,€$$

2.

	Rechnungsbetrag	1.547,00 €
–	2,5 % Skonto	38,68 €
	Überweisungsbetrag	1.508,32 €

Skontoabzug

Dreisatz

100 % ~ 1.547,00 €
2,5 % ~ x €

Verhältnisgleichung

$x\ € : 1.547{,}00\ € = 2{,}5\ \% : 100\ \%$

$\leftrightarrow$

$x\ € \cdot 100\ \% = 1.547{,}00\ € \cdot 2{,}5\ \%$

$$x\ € = \frac{1.547{,}00\ € \cdot 2{,}5\ \%}{100\ \%} = 1.547{,}00\ € \cdot 0{,}025 = 38{,}68\ €$$

Aufgabe 57

Dreisatz

1 000 ‰ ~ 48.250,00 €
9,5 ‰ ~ x €

Verhältnisgleichung

$x\ € : 48.250{,}00\ € = 9{,}5\ ‰ : 1\,000\ ‰$

$\leftrightarrow$

$X\ € \cdot 1000\ ‰ = 48.250{,}00\ € \cdot 9{,}5\ ‰$

$$x\ € = \frac{48.250{,}00\ € \cdot 9{,}5\ ‰}{1\,000\ ‰} = 48.250{,}00\ € \cdot 0{,}0095 = 458{,}38\ €$$

Aufgabe 58

1.

Dreisatz

100 % ~ 1.955,00 €
38,2 % ~ x €

Verhältnisgleichung

$x\ € : 1.955{,}00\ € = 38{,}2\ \% : 100\ \%$

$\leftrightarrow$

$x\ € \cdot 100\ \% = 1.955{,}00\ € \cdot 38{,}2\ \%$

$$x\ € = \frac{1.955{,}00\ € \cdot 38{,}2\ \%}{100\ \%} = 1.955{,}00\ € \cdot 0{,}382 = 746{,}81\ €$$

Der durchschnittliche Nettoverdienst beträgt 2015
1.955,00 € + 746,81 € = 2.701,81 €.

2.

Dreisatz

100 % ~ 1.860,00 €
26,5 % ~ x €

Verhältnisgleichung

$x\ € : 1.860{,}00\ € = 26{,}5\ \% : 100\ \%$

$\leftrightarrow$

$x\ € \cdot 100\ \% = 1.860{,}00\ € \cdot 26{,}5\ \%$

$$x\ € = \frac{1.860{,}00\ € \cdot 26{,}5\ \%}{100\ \%} = 1.860{,}00\ € \cdot 0{,}265 = 492{,}90\ €$$

Die durchschnittliche Kaufkraft beträgt 2015
1.860,00 € + 492,90 € = 2.352,90 €.

Aufgabe 59

Dreisatz

$100\ \% \sim 26\ \%$
$14{,}5\ \% \sim x\ \%$

Verhältnisgleichung

$x\ \% : 26\ \% = 14{,}5\ \% : 100\ \%$

$\leftrightarrow$

$x\ \% \cdot 100\ \% = 26\ \% \cdot 14{,}5\ \%$

$x\ \% = \frac{26\ \% \cdot 14{,}5\ \%}{100\ \%} = 26\ \% \cdot 0{,}145 = 3{,}77\ \%$ Kirchensteuer/Soli

Der gesamte Steuersatz beträgt also 26 % + 3,77 % = 29,77 %.

Aufgabe 60

1.

	Bezugspreis	364,00 €
+	53,5 % Kalk.-Zuschlag	194,74 €
	Verkaufspreis	558,74 €

Dreisatz

$100\ \% \sim 364{,}00\ €$
$53{,}5\ \% \sim x\ €$

Verhältnisgleichung

$x\ € : 364{,}00\ € = 53{,}5\ \% : 100\ \%$

$\leftrightarrow$

$x\ € \cdot 100\ \% = 364{,}00\ € \cdot 53{,}5\ \%$

$x\ € = \frac{364{,}00\ € \cdot 53{,}5\ \%}{100\ \%} = 364{,}00\ € \cdot 0{,}535 = 194{,}74\ €$

2.

	Bezugspreis	373,10 €
+	53,5 % Kalk.-Zuschlag	199,61 €
	Verkaufspreis	572,71 €

Dreisatz

$100\ \% \sim 373{,}10\ €$
$53{,}5\ \% \sim x\ €$

Verhältnisgleichung

$x\ € : 373{,}10\ € = 53{,}5\ \% : 100\ \%$

$\leftrightarrow$

$x\ € \cdot 100\ \% = 373{,}10\ € \cdot 53{,}5\ \%$

$x\ € = \frac{373{,}10\ € \cdot 53{,}5\ \%}{100\ \%} = 373{,}10\ € \cdot 0{,}535 = 199{,}61\ €$

3.

	Bezugspreis	373,10 €
+	Kalk.-Zuschlag	185,64 €
	Verkaufspreis	558,74 €

Dreisatz

$373{,}10\ € \sim 100\ \%$
$185{,}64\ € \sim x\ \%$

Verhältnisgleichung

$x\ \% : 100\ \% = 185{,}64\ € : 373{,}10\ €$

$\leftrightarrow$

$x\ \% \cdot 373{,}10\ € = 100\ \% \cdot 185{,}64\ €$

$x\ \% = \frac{185{,}64\ € \cdot 100\ \%}{373{,}10\ €} = \frac{185{,}64\ €}{373{,}10\ €} = 0{,}4976 = 49{,}76\ \%$

Der herabgesetzte Kalkulationszuschlag beträgt 49,76 %. Das sind 3,74 Prozentpunkte weniger als zuvor (oder 6,99 % weniger).

Aufgabe 61

1./2. Auszug aus der Rechnung

Artikel	Einzelpreis	Bruttopreis	Rabattsatz	Nettopreis
10 000 Blatt Kopierpapier	1,65 €/100 B.	165,00 €	8 %	151,80 €
20 000 Blatt Druckerpapier	1,42 €/100 B.	284,00 €	12 %	249,92 €
				401,72 €
zuzügl. 19 % Umsatzsteuer				+ 76,33 €
Rechnungsbetrag				478,05 €
Abzüglich 1,5 % Skonto				– 7,17 €
Überweisungsbetrag				470,88 €

1.

Rabatt

Dreisatz

100 % ~ 165,00 €
8 % ~ x €

Verhältnisgleichung

x € : 165,00 € = 8 % : 100 %

↔

x € · 100 % = 165,00 € · 8 %

$$x\ € = \frac{165{,}00\ € \cdot 8\ \%}{100\ \%} = 165{,}00\ € \cdot 0{,}08 = 13{,}20\ €$$

Der Nettopreis beträgt 165,00 € – 13,20 € = 151,80 €

Dreisatz

100 % ~ 284,00 €
12 % ~ x €

Verhältnisgleichung

x € : 284,00 € = 12 % : 100 %

↔

x € · 100 % = 284,00 € · 12 %

$$x\ € = \frac{284{,}00\ € \cdot 12\ \%}{100\ \%} = 284{,}00\ € \cdot 0{,}12 = 34{,}08\ €$$

Der Nettopreis beträgt 284,00 € – 34,08 € = 249,92 €

Umsatzsteuer

Dreisatz

100 % ~ 401,72 €
19 % ~ x €

Verhältnisgleichung

x € : 401,72 € = 19 % : 100 %

↔

x € · 100 % = 401,72 € · 19 %

$$x\ € = \frac{401{,}72\ € \cdot 19\ \%}{100\ \%} = 401{,}72\ € \cdot 0{,}19 = 76{,}33\ €$$

Die Umsatzsteuer beträgt 76,33 €, der Rechnungsbetrag 478,05 €

2.

Skonto

Dreisatz

$$\begin{array}{l} 100\,\% \sim 478{,}05\,€ \\ \underline{1{,}5\,\% \sim \quad x \quad €} \end{array}$$

Verhältnisgleichung

$x\,€ : 478{,}05\,€ = 1{,}5\,\% : 100\,\%$

$\leftrightarrow$

$x\,€ \cdot 100\,\% = 478{,}05\,€ \cdot 1{,}5\,\%$

$$x\,€ = \frac{478{,}05\,€ \cdot 1{,}5\,\%}{100\,\%} = 478{,}05\,€ \cdot 0{,}015 = 7{,}17\,€$$

Der Skontoabzug beträgt 7,17 €, der Überweisungsbetrag 470,88 €.

Aufgabe 62

Dreisatz

$$\begin{array}{l} 105{,}4\,\% \sim 2.880{,}00\,€ \\ \underline{100\,\% \sim \quad x \quad €} \end{array}$$

Verhältnisgleichung

$x\,€ : 2.880{,}00\,€ = 100\,\%\,\% : 105{,}4\,\%$

$\leftrightarrow$

$x\,€ \cdot 105{,}4\,\% = 2.880{,}00\,€ \cdot 100\,\%$

$$x\,€ = \frac{2.880{,}00\,€ \cdot 100\,\%}{105{,}4\,\%} = \frac{2.880{,}00\,€}{1{,}054} = 2.732{,}45\,€$$

Aufgabe 63

Dreisatz

$$\begin{array}{l} 119\,\% \sim 30{,}94\,€ \\ \underline{100\,\% \sim \quad x \quad €} \end{array}$$

Verhältnisgleichung

$x\,€ : 30{,}94\,€ = 100\,\%\,\% : 119\,\%$

$\leftrightarrow$

$x\,€ \cdot 119\,\% = 30{,}94\,€ \cdot 100\,\%$

$$x\,€ = \frac{30{,}94\,€ \cdot 100\,\%}{119\,\%} = \frac{30{,}94\,€}{1{,}19} = 26{,}00\,€$$

Der Warenwert beträgt 26,00 €, die Umsatzsteuer 4,94 €.

Aufgabe 64

Dreisatz

$$\begin{array}{l} 112{,}4\,\% \sim 10.345.000{,}00\,€ \\ \underline{100\,\% \sim \quad x \quad €} \end{array}$$

Verhältnisgleichung

$x\,€ : 10.345.000{,}00\,€ = 100\,\%\,\% : 112{,}4\,\%$

$\leftrightarrow$

$x\,€ \cdot 112{,}4\,\% = 10.345.000{,}00\,€ \cdot 100\,\%$

$$x\,€ = \frac{10.345.000{,}00\,€ \cdot 100\,\%}{112{,}4\,\%} = \frac{10.345.000{,}00\,€}{1{,}124} = 9.203.736{,}65\,€$$

Der vorjährige Umsatz beträgt 9.203.736,65 €, die Umsatzsteigerung 1.141.263,35 €.

Aufgabe 65

1.

	Lebenshaltungskostenindex 00	108,04
+	2,4 % Steigerung 01	2,59
	Lebenshaltungskostenindex 01	110,63
+	1,6 % Steigerung 02	1,77
	Lebenshaltungskostenindex 02	112,40

Dreisatz

101,6 % ~ 112,4
100 % ~ x

Verhältnisgleichung

$x : 112{,}4 = 100\,\% : 101{,}6\,\%$

$\leftrightarrow$

$x\,€ \cdot 101{,}6\,\% = 112{,}4 \cdot 100\,\%$

$$x\,€ = \frac{112{,}4 \cdot 100\,\%}{101{,}6\,\%} = \frac{112{,}4}{1{,}016} = 110{,}63$$

Dreisatz

102,4 % ~ 110,63
100 % ~ x

Verhältnisgleichung

$x : 110{,}63 = 100\,\% : 102{,}4\,\%$

$\leftrightarrow$

$x\,€ \cdot 102{,}4\,\% = 110{,}63 \cdot 100\,\%$

$$x\,€ = \frac{110{,}63 \cdot 100\,\%}{102{,}4\,\%} = \frac{110{,}63}{1{,}024} = 108{,}04$$

2.

Indexsteigerung insgesamt 112,4 – 108,04 = 4,36

Dreisatz

108,04 ~ 100 %
4,36 ~ x %

Verhältnisgleichung

$x\,\% : 100\,\% = 4{,}36 : 108{,}04$

$\leftrightarrow$

$x\,\% \cdot 108{,}04 = 4{,}36 \cdot 100\,\%$

$$x\,\% = \frac{4{,}36 \cdot 100\,\%}{108{,}04} = \frac{4{,}36}{1{,}0804} = 4{,}04\,\%$$

Beachten Sie, dass die gesamte Indexsteigerung nicht durch die Addition der beiden einzelnen Prozentsteigerungen (2,4 % und 1,6 %) errechnet werden kann, da die Zuschlagsgrundlagen unterschiedlich sind.

Aufgabe 66

Dreisatz

65 % ~ 237,25 €
35 % ~ x €

Verhältnisgleichung

$x\,€ : 237{,}25\,€ = 35\,\% : 65\,\%$

$\leftrightarrow$

$x\,€ \cdot 65\,\% = 237{,}25\,€ \cdot 35\,\%$

$$x\,€ = \frac{237{,}25\,€ \cdot 35\,\%}{65\,\%} = \frac{237{,}25\,€ \cdot 0{,}35}{0{,}65} = 127{,}75\,€ \text{ Nachlass}$$

Die Jacke kostete früher 365,00 €.

Aufgabe 67

Dreisatz

$$\begin{array}{l} 84{,}6\ \% \sim 357.012{,}00\ € \\ \underline{100\ \% \sim x\ €} \end{array}$$

Verhältnisgleichung

$$x\ € : 357.012{,}00\ € = 100\ \% : 84{,}6\ \%$$

$$\leftrightarrow$$

$$x\ € \cdot 84{,}6\ \% = 357.012{,}00\ € \cdot 100\ \%$$

$$x\ € = \frac{357.012{,}00\ € \cdot 100\ \%}{84{,}6\ \%} = \frac{357.012{,}00}{0{,}846} = 422.000{,}00\ €$$

Eigenkapital

Aufgabe 68

Dreisatz

$$\begin{array}{l} 65\ \% \sim 747{,}50\ € \\ \underline{100\ \% \sim x\ €} \end{array}$$

Verhältnisgleichung

$$x\ € : 747{,}50\ € = 100\ \% : 65\ \%$$

$$\leftrightarrow$$

$$x\ € \cdot 65\ \% = 747{,}50\ € \cdot 100\ \%$$

$$x\ € = \frac{747{,}50\ € \cdot 100\ \%}{65\ \%} = \frac{747{,}50\ €}{0{,}65} = 1.150{,}00\ €$$

ursprünglicher Preis

Der Nachlass beträgt 1.150,00 € - 747,50 e = 402,50 €.

Aufgabe 69

Dreisatz

$$\begin{array}{l} 97{,}5\ \% \sim 7.889{,}70\ € \\ \underline{100\ \% \sim x\ €} \end{array}$$

Verhältnisgleichung

$$x\ € : 7.889{,}70\ € = 100\ \% : 97{,}5\ \%$$

$$\leftrightarrow$$

$$x\ € \cdot 97{,}5\ \% = 7.889{,}70\ € \cdot 100\ \%$$

$$x\ € = \frac{7.889{,}70\ € \cdot 100\ \%}{97{,}5\ \%} = \frac{7.889{,}70\ €}{0{,}975} = 8.092{,}00\ €$$

Rechnungsbetrag

Der Skontoabzug beträgt 8.092, 00 € - 7.889,70 € = 202,30 €.

Aufgabe 70

Dreisatz

$$\begin{array}{l} 73\ \% \sim 4.526{,}00\ € \\ \underline{100\ \% \sim x\ €} \end{array}$$

Verhältnisgleichung

$$x\ € : 4.526{,}00\ € = 100\ \% : 73\ \%$$

$$\leftrightarrow$$

$$x\ € \cdot 73\ \% = 4.526{,}00\ € \cdot 100\ \%$$

$$x\ € = \frac{4.526{,}00\ € \cdot 100\ \%}{73\ \%} = \frac{4.526{,}00\ €}{0{,}73} = 6.200{,}00\ € \text{ Heizkosten}$$

Aufgabe 71

	Umsatz Ende 1. Jahr	625.000,00 €
+	8,3 % Steigerung	51.875,00 €
	Umsatz Ende 2. Jahr	676.875,00 €
–	4,8 % Rückgang	32.490,00 €
	Umsatz Ende 3. Jahr	644.385,00 €

↑

Dreisatz

$$\begin{array}{l} 95{,}2\,\% \sim 644.385{,}00\,€ \\ \underline{100\,\% \sim x\,€} \end{array}$$

Verhältnisgleichung

$x\,€ : 644.385{,}00\,€ = 100\,\% : 95{,}2\,\%$

$\leftrightarrow$

$x\,€ \cdot 95{,}2\,\% = 644.385{,}00\,€ \cdot 100\,\%$

$$x\,€ = \frac{644.385{,}00\,€ \cdot 100\,\%}{95{,}2\,\%} = \frac{644.385{,}00\,€}{0{,}952} = 676.875{,}00$$ Umsatz Ende 2. Jahr

Dreisatz

$$\begin{array}{l} 108{,}3\,\% \sim 676.875{,}00\,€ \\ \underline{100\,\% \sim x\,€} \end{array}$$

Verhältnisgleichung

$x\,€ : 676.875{,}00\,€ = 100\,\% : 108{,}3\,\%$

$\leftrightarrow$

$x\,€ \cdot 108{,}3\,\% = 676.875{,}00\,€ \cdot 100\,\%$

$$x\,€ = \frac{676.875{,}00\,€ \cdot 100\,\%}{108{,}3\,\%} = \frac{676.875{,}00\,€}{1{,}083} = 625.000{,}00\,€$$ Umsatz Ende 1. Jahr

Aufgabe 72

	Listenpreis	2.425,00 €
–	8 % Rabatt	194,00 €
	Rechnungspreis	2.231,00 €

Dreisatz

$$\begin{array}{l} 92\,\% \sim 2.231{,}00\,€ \\ \underline{100\,\% \sim x\,€} \end{array}$$

Verhältnisgleichung

$x\,€ : 2.231{,}00\,€ = 100\,\% : 92\,\%$

$\leftrightarrow$

$x\,€ \cdot 92\,\% = 2.231{,}00\,€ \cdot 100\,\%$

$$x\,€ = \frac{2.231{,}00\,€ \cdot 100\,\%}{92\,\%} = \frac{2.231{,}00\,€}{0{,}92} = 2.425{,}00\,€$$ Listenpreis

Aufgabe 73

Dreisatz

$$\begin{array}{l} 24{,}5\,\% \sim 2.366{,}70\,€ \\ \underline{100\,\% \sim x\,€} \end{array}$$

Verhältnisgleichung

$x\,€ : 2.366{,}70\,€ = 100\,\% : 24{,}5\,\%$

$\leftrightarrow$

$x\,€ \cdot 24{,}5\,\% = 2.366{,}70\,€ \cdot 100\,\%$

$$x\,€ = \frac{2.366{,}70\,€ \cdot 100\,\%}{24{,}5\,\%} = \frac{2.366{,}70\,€}{0{,}245} = 9.660{,}00\,€$$

Die ursprüngliche Forderung betrug 9.660,00 €, der Forderungsausfall 9.660,00 € – 2.366,70 € = 7.293,30 €.

Aufgabe 74

Dreisatz

$$\begin{array}{l} 2{,}5\ \% \sim 166{,}60\ € \\ \underline{100\ \% \sim x\ €} \end{array}$$

Verhältnisgleichung

$$x\ € : 166{,}60\ € = 100\ \% : 2{,}5\ \%$$

$$\leftrightarrow$$

$$x\ € \cdot 2{,}5\ \% = 166{,}60\ € \cdot 100\ \%$$

$$x\ € = \frac{166{,}60\ € \cdot 100\ \%}{2{,}5\ \%} = \frac{166{,}60\ €}{0{,}025} = 6.664{,}00\ € \text{ Rechn.-Betrag}$$

Aufgabe 75

Dreisatz

$$\begin{array}{l} 2{,}5\ \% \sim 3.000{,}00\ € \text{ angestrebte Provision} \\ \underline{100\ \% \sim x\ €} \end{array}$$

Verhältnisgleichung

$$x\ € : 3.000{,}00\ € = 100\ \% : 2{,}5\ \%$$

$$\leftrightarrow$$

$$x\ € \cdot 2{,}5\ \% = 3.000{,}00\ € \cdot 100\ \%$$

$$x\ € = \frac{3.000{,}00\ € \cdot 100\ \%}{2{,}5\ \%} = \frac{3.000{,}00\ €}{0{,}025} = 120.000{,}00\ € \text{ Umsatz}$$

Aufgabe 76

Dreisatz

$$\begin{array}{l} 19\ \% \sim 35.435{,}00\ € \\ \underline{100\ \% \sim x\ €} \end{array}$$

Verhältnisgleichung

$$x\ € : 35.435{,}00\ € = 100\ \% : 19\ \%$$

$$\leftrightarrow$$

$$x\ € \cdot 19\ \% = 35.435{,}00\ € \cdot 100\ \%$$

$$x\ € = \frac{35.435{,}00\ € \cdot 100\ \%}{19\ \%} = \frac{35.435{,}00\ €}{0{,}19} = 186.500{,}00\ €$$

Aufgabe 77

Dreisatz

$$\begin{array}{l} 12\ ‰ \sim 64{,}50\ € \\ \underline{1\,000\ ‰ \sim x\ €} \end{array}$$

Verhältnisgleichung

$$x\ € : 64{,}50\ € = 1\,000\ ‰ : 12\ ‰$$

$$\leftrightarrow$$

$$x\ € \cdot 12\ ‰ = 64{,}50\ € \cdot 1\,000\ ‰$$

$$x\ € = \frac{64{,}50\ € \cdot 1\,000\ ‰}{12\ ‰} = \frac{64{,}50\ €}{0{,}012} = 5.375{,}00\ € \text{ Vers.-Wert}$$

Aufgabe 78

Dreisatz

$$\begin{array}{l} 72\ \% \sim 25\,000\ kg \\ \underline{100\ \% \sim x\ kg} \end{array}$$

Verhältnisgleichung

$$x\ kg : 25\,000\ kg = 100\ \% : 72\ \%$$

$$\leftrightarrow$$

$$x\ kg \cdot 72\ \% = 25\,000\ kg \cdot 100\ \%$$

$$x\ kg = \frac{25\,000\ kg \cdot 100\ \%}{72\ \%} = \frac{25\,000\ kg}{0{,}72} = 34\,722{,}222\ kg$$

Aufgabe 79

1. Der Anteil von D entspricht 15 %.

2.

Dreisatz

$$\begin{array}{l} 15\,\% \sim 42.600{,}00\ € \\ \underline{100\,\% \sim \quad x \quad €} \end{array}$$

Verhältnisgleichung

$x\ € : 42.600{,}00\ € = 100\,\% : 15\,\%$

$\leftrightarrow$

$x\ € \cdot 15\,\% = 42.600{,}00\ € \cdot 100\,\%$

$$x\ € = \frac{42.600{,}00\ € \cdot 100\,\%}{15\,\%} = \frac{42.600{,}00\ €}{0{,}15} = 284.000{,}00\ €$$

Das eingebrachte Eigenkapital beträgt insgesamt 284.000,00 €.

A beteiligt sich mit 284.000,00 € · 0,2 = 56.800,00 €,
B beteiligt sich mit 284.000,00 € · 0,3 = 85.200,00 €,
C beteiligt sich mit 284.000,00 € · 0,35 = 99.400,00 €.

2.

Gesellschafter	Kapitaleinlage	Gekürzte Einlage	Gewinnanteil
A	56.800,00 €	284	59,15493 · 284 = 16.800,00 €
B	85.200,00 €	426	59,15493 · 426 = 25.200,00 €
C	99.400,00 €	497	59,15493 · 497 = 29.400,00 €
D	42.600,00 €	213	59,15493 · 213 = 12.600,00 €
	284.000,00 €	1 420	84,000,00 €
		1	59,15493

Aufgabe 80

1.

Dreisatz

$$\begin{array}{l} 9{,}5\,\% \sim 84.550{,}00\ € \\ \underline{100\,\% \sim \quad x \quad €} \end{array}$$

Verhältnisgleichung

$x\ € : 84.550{,}00\ € = 100\,\% : 9{,}5\,\%$

$\leftrightarrow$

$x\ € \cdot 9{,}5\,\% = 84.550{,}00\ € \cdot 100\,\%$

$$x\ € = \frac{84.550{,}00\ € \cdot 100\,\%}{9{,}5\,\%} = \frac{84.550{,}00\ €}{0{,}095} = 890.000{,}00\ €$$

2.

Dreisatz

$$\begin{array}{l} 95\,\% \sim 84.550{,}00\ € \\ \underline{100\,\% \sim \quad x \quad €} \end{array}$$

Verhältnisgleichung

$x\ € : 84.550{,}00\ € = 100\,\% : 95\,\%$

$\leftrightarrow$

$x\ € \cdot 95\,\% = 84.550{,}00\ € \cdot 100\,\%$

$$x\ € = \frac{84.550{,}00\ € \cdot 100\,\%}{95\,\%} = \frac{84.550{,}00\ €}{0{,}95} = 89.000{,}00\ €$$

Aufgabe 81

	Anschaffungskosten	80.000,00 €
–	25 % Abschreibung	20.000,00 €
	Buchwert nach einem Jahr	60.000,00 €
–	25 % Abschreibung	15.000,00 €
	Buchwert nach zwei Jahren	45.000,00 €

2. Jahr

Dreisatz

$$\begin{array}{l} 75\ \% \sim 45.000{,}00\ € \\ 100\ \% \sim \quad x \quad € \end{array}$$

Verhältnisgleichung $x\ € : 45.000{,}00\ € = 100\ \% : 75\ \%$

$\leftrightarrow$

$$x\ € \cdot 75\ \% = 45.000{,}00\ € \cdot 100\ \%$$

$$x\ € = \frac{45.000{,}00\ € \cdot 100\ \%}{75\ \%} = \frac{45.000{,}00\ €}{0{,}75} = 60.000{,}00\ €$$

1. Jahr

Dreisatz

$$\begin{array}{l} 75\ \% \sim 60.000{,}00\ € \\ 100\ \% \sim \quad x \quad € \end{array}$$

Verhältnisgleichung $x\ € : 60.000{,}00\ € = 100\ \% : 75\ \%$

$\leftrightarrow$

$$x\ € \cdot 75\ \% = 60.000{,}00\ € \cdot 100\ \%$$

$$x\ € = \frac{60.000{,}00\ € \cdot 100\ \%}{75\ \%} = \frac{60.000{,}00\ €}{0{,}75} = 80.000{,}00\ €$$

Die Anschaffungskosten betragen 80.000,00 €.

Die Lösung lässt sich dadurch vereinfachen, dass man die beiden Lösungsschritte zusammenfasst:

$$x\ € = \frac{45.000{,}00\ €}{0{,}75 \cdot 0{,}75} = 80.000{,}00\ €$$

Aufgabe 82

Entsprechende Informationen können auch aus den im Internet veröffentlichten Angaben gewonnen werden.

Aufgabe 83

	Erster Zinstag	Letzter Zinstag	Zinstage
1.	25. April	16. August	111
2.	1. Januar	31. Mai	149
3.	23. November	5. Januar n. J.	42
4.	31. Mai	12. September	102
5.	11. März	30. Juni	109
6.	4. Februar	31. Juli	176
7.	8. Oktober	31. Dezember	82
8.	15. Januar	Ende Februar n. J.	403
9.	27. April	8. August	101

Aufgabe 84

1. Skonto darf bis zum 23. Juni ausgenutzt werden.
2. Zinstage vom 13. Juli bis 27. August = 44 Tage

$$Z = \frac{7.192{,}00\ € \cdot 8\ \% \cdot 44\ \text{Tage}}{100\ \% \cdot 360\ \text{Tage}} = \frac{7.192{,}00\ € \cdot 0{,}08 \cdot 44\ \text{Tage}}{360\ \text{Tage}} = 70{,}32\ €\ \text{Verzugszinsen}$$

Aufgabe 85

Für 30 Tage ist ein „Zins" von 2 % zu zahlen, für 360 Tage beträgt der „Zins" dann 12 · 2 % = 24 %.

Aufgabe 86

$$Z = \frac{14.500{,}00\ € \cdot 8{,}5\ \% \cdot 150\ \text{Tage}}{100\ \% \cdot 360\ \text{Tage}} = \frac{14.500{,}00\ € \cdot 0{,}085 \cdot 150\ \text{Tage}}{360\ \text{Tage}} = 613{,}54\ €\ \text{Zinsen}$$

Aufgabe 87

$$Z = \frac{55.000{,}00\ € \cdot 5{,}5\ \% \cdot 3\ \text{Jahre}}{100\ \%} = 55.000{,}00\ € \cdot 0{,}055 \cdot 3\ \text{Jahre} = 9.075{,}00\ €\ \text{Zinsen}$$

Aufgabe 88

1. Die Zinstage betragen vom 01.03. bis 16.08. = 165 Tage

   360 Tage ~ 4,5 %
   165 Tage ~ p %

$$p\ \% = \frac{4{,}5\ \% \cdot 165\ \text{Tage}}{360\ \text{Tage}} = 2{,}0625\ \%$$

2. Z = 18.500,00 € · 0,020625 = 381,56 € Zinsen

Aufgabe 89

1. Zinsen gemäß Kondition a)

$$Z = \frac{15.000{,}00\ € \cdot 0{,}5\ \% \cdot 90\ \text{Tage}}{100\ \% \cdot 360\ \text{Tage}} = \frac{15.000{,}00\ € \cdot 0{,}005 \cdot 90\ \text{Tage}}{360\ \text{Tage}} = 18{,}75\ €$$

   Zinsen gemäß Kondition b)

$$Z = \frac{15.000{,}00\ € \cdot 1{,}5\ \% \cdot 90\ \text{Tage}}{100\ \% \cdot 360\ \text{Tage}} = \frac{15.000{,}00\ € \cdot 0{,}015 \cdot 90\ \text{Tage}}{360\ \text{Tage}} = 56{,}25\ €$$

   Der Zinsgewinn beträgt 37,50 €.

2. $$Z = \frac{54.000{,}00\ € \cdot 1{,}75\ \% \cdot 120\ \text{Tage}}{100\ \% \cdot 360\ \text{Tage}} = \frac{54.000{,}00\ € \cdot 0{,}0175 \cdot 120\ \text{Ta.}}{360\ \text{Tage}} = 315{,}00\ €$$

Aufgabe 90

1. Die jeweils gleichen Raten betragen $\frac{1.240,00 € - 200,00 €}{4} = 260,00 €$

Datum	Restschuld in EURO	Zinsberechnung	Zinsen
16.05. 16.05.	1.240,00 € – 200,00 €		
16.06.	1.040,00 € – 260,00 €	$\frac{1.040,00 € \cdot 4,5\,\% \cdot 30\ \text{Tage}}{100\,\% \cdot 360\ \text{Tage}} =$	3,90 €
16.07.	780,00 € – 260,00 €	$\frac{780,00 € \cdot 4,5\,\% \cdot 30\ \text{Tage}}{100\,\% \cdot 360\ \text{Tage}} =$	2,93 €
16.08.	520,00 € – 260,00 €	$\frac{520,00 € \cdot 4,5\,\% \cdot 30\ \text{Tage}}{100\,\% \cdot 360\ \text{Tage}} =$	1,95 €
16.09.	260,00 € – 260,00 €	$\frac{260,00 € \cdot 4,5\,\% \cdot 30\ \text{Tage}}{100\,\% \cdot 360\ \text{Tage}} =$	0,98 €
	0,00 €		**9,76 €**

2. Der Teilzahlungspreis beträgt einschließlich der Zinsen 1.249,76 €. Er liegt um 9,76 € über dem Barzahlungspreis.

$$p\,\% = \frac{9,76 €}{1.240,00 €} = 0,79\,\%$$

Aufgabe 91

Zinstage, vom 01.04. bis zum 19.09. = 165 Zinstage

$$Z = \frac{25.000,00 € \cdot 6,5\,\% \cdot 165\ \text{Tage}}{100\,\% \cdot 360\ \text{Tage}} = \frac{25.000,00 € \cdot 0,065 \cdot 165\ \text{Tage}}{360\ \text{Tage}} = 687,50 €$$

Die Rückzahlung beträgt also 25.687,50 €.

Aufgabe 92

Eigenkapitalverzinsung	=	620.000,00 € · 0,3 · 0,08	=	14.880,00 €/Jahr
Fremdkapitalverzinsung	=	620.000,00 € · 0,7 · 0,045	=	19.530,00 €/Jahr
Abschreibungen	=	620.000,00 € · 0,02	=	12.400,00 €/Jahr
Gebäudeunterhaltung	=	2.320,00 € · 12	=	27.840,00 €/Jahr
Steuern/Abgaben	=	1.540,00 € · 4	=	6.160,00 €/Jahr
Aufwendungen insgesamt				80.810,00 €/Jahr

Kostendeckende Jahresmiete für 1 Wohnung = 80.810,00 € : 8 = 10.101,25 €
Kostendeckende Monatsmiete für 1 Wohnung = 10.101,25 € : 12 = 841,77 €

Aufgabe 93

Datum	Guthaben	Zinsberechnung	Zinsen
21.03.01 31.12.01	Guthaben 12.400,00 € + Zinsen 144,15 €	$\frac{12.400,00 € \cdot 1,5\,\% \cdot 279\ \text{Tage}}{100\,\% \cdot 360\ \text{Tage}} =$	144,15 €
01.01.02 31.12.02	12.544,15 € – 188,16 €	$\frac{12.544,15 € \cdot 1,5\,\% \cdot 360\ \text{Tage}}{100\,\% \cdot 360\ \text{Tage}} =$	188,16 €
01.01.03 30.06.03	12.732,31 € – 94,96 €	$\frac{12.732,31 € \cdot 1,5\,\% \cdot 179\ \text{Tage}}{100\,\% \cdot 360\ \text{Tage}} =$	94,96 €
	12.827,27 €	**Zinsen insgesamt**	**427,31 €**

Aufgabe 94

Nr.	Gutschrift per 30.06.	Einzahlung	Zinstage	#
1	1.850,00 €	27.02.	123	2.276
2	760,00 €	24.04.	66	502
3	1.220,00 €	18.05.	42	512
4	550,00 €	20.06.	10	55
	4.380,00 €			3.345
+ Zinsen	23,23 €			**3.345 : 144 = 23,23 €**
Guthaben	4.403,23 €	**Zinsdivisor = 360 : 2,5 = 144**		

Aufgabe 95

Nr.	Rechnung	Fälligkeit	Zinstage	#
1	3.220,00 €	26.04.	49	1 578
2	4.370,00 €	12.05.	33	1 442
3	3.565,00 €	23.05.	22	784
	11.155,00 €			3 804
+ Zinsen	89,82 €			**3 804 : 42,35294 = 89,82 €**
Überweisg. am 15.06.	**11.244,82 €**	**Zinsdivisor = 360 : 8,5 = 42,35294**		

Aufgabe 96

Nr.	Rechnung	Fälligkeit	Zinstage	#
1	4.165,00 €	03.04.	77	3 207
2	3.094,00 €	21.04.	59	1 825
3	3.332,00 €	06.05.	44	1 466
4	3.867,50 €	24.05.	26	1 006
	14.458,50 €			**7 504**
+ Zinsen	166,76 €			**7 504 : 45 = 166,76 €**
Lastschrift am 20.06.	**14.625,26 €**	**Zinsdivisor = 360 : 8 = 45**		

Aufgabe 97

$$\frac{1.200{,}00\text{ €} \cdot 162\text{ T} \cdot p\,\%}{100\,\% \cdot 360\text{ T}} + \frac{1.450{,}00\text{ €} \cdot 128\text{ T} \cdot p\,\%}{100\,\% \cdot 360\text{ T}} + \frac{750{,}00\text{ €} \cdot 94\text{ T} \cdot p\,\%}{100\,\% \cdot 360\text{ T}} +$$

$$\frac{1.100{,}00\text{ €} \cdot 55\text{ T} \cdot p\,\%}{100\,\% \cdot 360\text{ T}} = 35{,}49\text{ €}$$

$$\frac{1\,944 \cdot p\,\%}{360\text{ T}} + \frac{1\,856 \cdot p\,\%}{360\text{ T}} + \frac{705 \cdot p\,\%}{360\text{ T}} + \frac{605 \cdot p\,\%}{360\text{ T}} = 35{,}49\text{ €}$$

$$\frac{5\,110 \cdot p\,\%}{360\text{ T}} = 35{,}49\text{ €} \quad \leftrightarrow \quad p\,\% = \frac{35{,}49\text{ €} \cdot 360\text{ T}}{5\,110} = 2{,}5\,\%$$

Aufgabe 98

$$\begin{array}{l} x \text{ € Z} \sim 100{,}00 \text{ € K} \sim 360 \text{ Tage} \\ \underline{285{,}00 \text{ € Z} \sim 12.000{,}00 \text{ € K} \sim 90 \text{ Tage}} \end{array}$$

$$x \text{ €} = \frac{285{,}00 \text{ €} \cdot 100{,}00 \text{ €} \cdot 360 \text{ Tage}}{12.000{,}00 \text{ €} \cdot 90 \text{ Tage}} = 9{,}50 \text{ €}$$

Der Kredit wurde also mit 9,5 % verzinst.

Aufgabe 99

1.

$$\begin{array}{l} 25 \text{ Tage} \sim 2{,}5\ \% \\ \underline{360 \text{ Tage} \sim p\ \%} \end{array}$$

$$p\ \% = \frac{2{,}5\ \% \cdot 360 \text{ Tage}}{25 \text{ Tage}} = 36\ \%$$

2. Skontoabzug in € = 18.564,00 € · 0,025 = 464,10 €
   Nettobetrag in € = 18.564,00 € – 464,10 € = 18.099,90 €

$$p\ \% = \frac{464{,}10 \text{ €} \cdot 360 \text{ Tage}}{18.099{,}90 \text{ €} \cdot 25 \text{ Tage}} = 0{,}3692 = 36{,}92\ \%$$

3.

Skontoabzug	464,10 €
– Kreditzinsen = $\frac{18.099{,}90 \text{ €} \cdot 25 \text{ T} \cdot 13\ \%}{100\ \% \cdot 360 \text{ T}}$ =	163,40 €
Finanzierungsvorteil	300,70 €

Aufgabe 100

Skontoabzug (1 % von 19.278,00 € =) 192,78 €; Nettobetrag 19.085,22 €
Kreditzinsen = 19.085,22 € · 50 T · 11,5 % = 304,83 €

Der Skontoabzug ist ungünstiger! Nimmt der Großhändler einen Kredit auf, um Skonto auszunutzen zahlt er 304,83 € Zinsen und "gewinnt" 192,78 € Skonto. Er erleidet einen Finanzierungsnachteil von (304,83 € – 192,78 € =) 112,05 €.

Aufgabe 101

Die Verzugszinsen betragen (5.527,45 € – 5.474,00 € =) 53,45 €.

$$t = \frac{53{,}45 \text{ €} \cdot 100\ \% \cdot 360 \text{ Tage}}{5.474{,}00 \text{ €} \cdot 9{,}5\ \%} = 37 \text{ Tage}$$

verkürzt

$$t = \frac{53{,}45 \text{ €} \cdot 360 \text{ Tage}}{5.474{,}00 \text{ €} \cdot 0{,}095} = 37 \text{ Tage}$$

Die Rechnung war am 23. Mai fällig und wurde am 30. Juni bezahlt.

Aufgabe 102

Die Verzugszinsen betragen (3.352,73 € – 3.332,00 € =) 20,73 €.

$$t = \frac{20{,}73\ € \cdot 100\ \% \cdot 360\ \text{Tage}}{3.332{,}00\ € \cdot 8\ \%} = 28\ \text{Tage}$$

verkürzt

$$t = \frac{20{,}73\ € \cdot 360\ \text{Tage}}{3.332{,}00\ € \cdot 0{,}08} = 28\ \text{Tage}$$

Die Rechnung war am 27. Juni fällig und wurde am 25. Juli bezahlt.

Aufgabe 103

Die Guthabenzinsen betragen (3.532,08 – 3.500,00 € =) 32,08 €

$$t = \frac{32{,}08\ € \cdot 100\ \% \cdot 360\ \text{Tage}}{3.500{,}00\ € \cdot 1{,}5\ \%} = 220\ \text{Tage vor dem 31. Dez.}$$

verkürzt

$$t = \frac{32{,}08\ € \cdot 360\ \text{Tage}}{3.500{,}00\ €} \cdot 0{,}015 = 220\ \text{Tage}$$

Die Einzahlung erfolgte am 20. Mai.

Aufgabe 104

Die Guthabenzinsen betragen (3.845,47 – 3.820,00 € =) 25,47 €.

$$t = \frac{25{,}47\ € \cdot 100\ \% \cdot 360\ \text{Tage}}{3.820{,}00\ € \cdot 1{,}5\ \%} = 160\ \text{Tage vor dem 31. Dez.}$$

verkürzt

$$t = \frac{25{,}47\ € \cdot 360\ \text{Tage}}{3.820{,}00\ € \cdot 0{,}015} = 160\ \text{Tage}$$

Die Einzahlung erfolgte am 20. Juli.

Aufgabe 105

$$K = \frac{860{,}42\ € \cdot 100\ \% \cdot 360\ \text{Tage}}{11{,}8\ \% \cdot 75\ \text{Tage}} = 35.000{,}00\ €$$

verkürzt

$$K = \frac{860{,}42\ € \cdot 360\ \text{Tage}}{0{,}118} = 35.000{,}00\ €$$

Aufgabe 106

$$K = \frac{74{,}18\ € \cdot 100\ \% \cdot 360\ \text{Tage}}{8{,}5\ \% \cdot 66\ \text{Tage}} = 4.760{,}21\ €$$

verkürzt

$$K = \frac{74{,}18\ € \cdot 360\ \text{Tage}}{0{,}085 \cdot 66\ \text{Tage}} = 4.760{,}21\ €$$

Aufgabe 107

$$K = \frac{(14.055,75\text{ €} - K) \cdot 100\,\% \cdot 360\text{ Tage}}{9,5\,\% \cdot 146\text{ Tage}} =$$

verkürzt

$$K = \frac{(14.055,75\text{ €} - K) \cdot 360\text{ Tage}}{0,095 \cdot 146\text{ Tage}} =$$

$\leftrightarrow$

$K \cdot 0,095 \cdot 146 = 5\,060\,070 - 360\,K$

$\leftrightarrow$

$13,87\,K = 5\,060\,070 - 360\,K$

$\leftrightarrow$

$373,87\,K = 5\,060\,070$

$\leftrightarrow$

$K = 13.534,30\text{ €}$

Aufgabe 108

	Zeitprozentsatz für 180 Tage	2,5 %
+	Bearbeitungsgebühr	1,0 %
	Gesamtabzug für 180 Tage	3,5 %

x € ~ 100 %
120.625,00 € ~ 96,5 %

$$x\text{ €} = \frac{120.625,00\text{ €} \cdot 100\,\%}{96,5\,\%} = 125.000,00\text{ €}$$

verkürzt

$$x\text{ €} = \frac{120.625,00\text{ €}}{0,965} = 125.000,00\text{ €}$$

Das Darlehen beläuft sich auf 125.000,00 €.

Die Zinsen betragen 125.000,00 € · 0,025 =	3.125,00 €
Die Bearbeitungsgebühr beträgt	1.250,00 €
Gesamtabzug also	4.375,00 €

Aufgabe 109

$$K = \frac{1.782,64\text{ €} \cdot 100\,\% \cdot 360\text{ Tage}}{4,5\,\% \cdot 151\text{ Tage}} = 94.444,50\text{ €}$$

verkürzt

$$K = \frac{1.782,64\text{ €} \cdot 360\text{ Tage}}{0,045 \cdot 151\text{ Tage}} = 94.444,50\text{ €}$$

Aufgabe 110

Lösung über das Gleichsetzungsverfahren:

$$\begin{array}{lrl} \text{I} & -4x_1 + 6x_2 = 32 & \\ \text{II} & 2x_1 - 5x_2 = -36 & / \cdot 2 \\ \hline \text{I} & -4x_1 + 6x_2 = 32 & \\ \text{II} & 4x_1 - 10x_2 = -72 & / \text{I} - \text{II} \\ \hline & -4x_2 = -40 & / : (-4) \\ & x_2 = 10 & / x_2 = 10 \text{ in I einsetzen} \\ \text{I} & -4x_1 + 60 = 32 & / : (-4) \\ & x_1 = 7 & \end{array}$$

$(x_1; x_2) = (7; 10)$

Aufgabe 111

Lösung über das Einsetzungsverfahren:

$$\begin{array}{lrl} \text{I} & 3x_1 - 2x_2 + 4x_3 = 26 & \\ \text{II} & 2x_1 + 4x_2 - x_3 = 22 & / x_3 = 2x_1 + 4x_2 - 22 \text{ in I und III} \\ \text{III} & 4x_1 + 3x_2 + 2x_3 = 43 & \\ \hline \text{I} & 3x_1 - 2x_2 + 4(2x_1 + 4x_2 - 22) = 26 & \\ \text{III} & 4x_1 + 3x_2 + 2(2x_1 + 4x_2 - 22) = 43 & \\ \hline \text{I} & 3x_1 - 2x_2 + 8x_1 + 16x_2 - 88 = 26 & \\ \text{III} & 4x_1 + 3x_2 + 4x_1 + 8x_2 - 44 = 43 & \\ \hline \text{I} & 11x_1 + 14x_2 = 114 & / \cdot (-8) \\ \text{III} & 8x_1 + 11x_2 = 87 & / \cdot 11 \\ \hline \text{I} & -88x_1 - 112x_2 = -912 & / \text{I} + \text{III} \\ \text{III} & 88x_1 + 121x_2 = 957 & \\ \hline & 9x_2 = 45 & / : 9 \\ & x_2 = 5 & / x_2 = 5 \text{ in I} \\ \text{I} & 11x_1 + 14 \cdot 5 = 114 & \\ & 11x_1 = 44 & \\ & x_1 = 4 & / x_1 = 4 \text{ und } x_2 = 5 \text{ in I} \\ \text{I} & 3 \cdot 4 - 2 \cdot 5 + 4x_3 = 26 & \\ \text{I} & 4x_3 = 24 & / : 4 \\ \text{I} & x_3 = 6 & \end{array}$$

$(x_1; x_2; x_3) = (4; 5; 6)$

Aufgabe 112

Würde man die zweite Gleichung mit (–2) multiplizieren, so ergäbe sich der folgende Widerspruch:

$$\begin{array}{lrl} \text{I} & 8x_1 + 6x_2 = 20 & \\ \text{II} & -8x_1 - 6x_2 = -24 & / \text{I} + \text{II} \\ \hline & 0 = -4 \text{ falsch} & \end{array}$$

Aufgabe 113

Lösung beginnt mit dem Einsetzungsverfahren:

$$\begin{array}{lll} \text{I} & 3x_1 - 2x_2 + x_3 + x_4 = 5 & / \text{ I nach } x_3 \text{ auflösen} \\ \text{II} & x_1 + 4x_2 + 3x_4 = 26 & \\ \text{III} & 2x_1 + x_2 - 3x_3 - x_4 = 0 & \\ \text{IV} & x_1 + 3x_2 + 2x_3 = 13 & \end{array}$$

$$\begin{array}{lll} \text{I} & x_3 = -3x_1 + 2x_2 - x_4 + 5 & / \ x_3 \text{ in II, III, IV einsetzen} \\ \text{II} & x_1 + 4x_2 + 3x_4 = 26 & \\ \text{III} & 2x_1 + x_2 - 3(-3x_1 + 2x_2 - x_4 + 5) - x_4 = 0 & \\ \text{IV} & x_1 + 3x_2 + 2(-3x_1 + 2x_2 - x_4 + 5) = 13 & \end{array}$$

$$\begin{array}{lll} \text{II} & x_1 + 4x_2 + 3x_4 = 26 & /\text{II nach x1 auflösen} \\ \text{III} & 11x_1 - 5x_2 + 2x_4 = 15 & \\ \text{IV} & -5x_1 + 7x_2 - 2x_4 = 3 & \end{array}$$

$$\begin{array}{lll} \text{II} & x_1 = -4x_2 - 3x_4 + 26 & /x_1 \text{ in III und IV einsetzen} \\ \text{III} & 11(-4x_2 - 3x_4 + 26) - 5x_2 + 2x_4 = 15 & \\ \text{IV} & -5(-4x_2 - 3x_4 + 26) + 7x_2 - 2x_4 = 3 & \end{array}$$

$$\begin{array}{lll} \text{III} & -49x_2 - 31x_4 = -271 & / \cdot 13 \\ \text{IV} & 27x_2 + 13x_4 = 133 & / \cdot 31 \end{array}$$

$$\begin{array}{lll} \text{III} & -637x_2 - 403x_4 = -3\,523 & \\ \text{IV} & 837x_2 + 403x_4 = 4\,123 & / \text{ III} + \text{IV} \\ \hline & 200x_2 = 600 & \\ & x_2 = 3 & /x_2 = 3 \text{ in IV} \end{array}$$

$$\begin{array}{lll} \text{IV} & 27 \cdot 3 + 13x_4 = 133 & \\ & 13x_4 = 52 & \\ & x_4 = 4 & / \ x_4 = 4 \text{ und } x_2 = 3 \text{ in II} \end{array}$$

$$\begin{array}{lll} \text{II} & x_1 + 4 \cdot 3 + 3 \cdot 4 = 26 & \\ & x_1 = 2 & /x1 = 2,\ x_2 = 3,\ x_4 = 4 \text{ in I} \end{array}$$

$$\begin{array}{ll} \text{I} & 3 \cdot 2 - 2 \cdot 3 + x_3 + 4 = 5 \\ & x_3 = 1 \end{array}$$

$(x_1, x_2, x_3, x_4) = (2, 3, 1, 4)$

Aufgabe 114

I $x_1 - x_2 + 13 = 20$
II $x_1 + x_2 - 23 = 20$ / I + II

I $2x_1 - 10 = 40$
$2x_1 = 50$
$x_1 = 25$ / $x_1 = 25$ in II

II $25 + x_2 = 43$
$x_2 = 18$
$(x_1, x_2) = (25, 18)$

Aufgabe 115

$x_1 :=$ Selbstkostenpreis
$x_2 :=$ Gewinn

I $x_1 + x_2 = 340$ / I nach x_1 auflösen und in II einsetzen
II $0{,}95x_1 + 1{,}2x_2 = 333$

I $x_1 = -x_2 + 340$
II $0{,}95(-x_2 + 340) + 1{,}2x_2 = 333$
II $0{,}25x_2 + 323 = 333$
II $0{,}25x_2 = 10$
II $x_2 = 40$

I $x_1 + 40 = 340$
I $x_1 = 300$

Der Selbstkostenpreis beträgt in der ersten Periode 300,00 €, der Gewinn 40,00 €. In der zweiten Periode beläuft sich der Selbstkostenpreis auf 285,00 €, der Gewinn auf 48,00 €.

Aufgabe 116

Anzahl E1 $:= x_1$
Anzahl E2 $:= x_2$
Anzahl E3 $:= x_3$

I $4x_1 + 3x_2 + 6x_3 = 153$
II $6x_1 + 5x_2 + 2x_3 = 167$
III $2x_1 + 4x_2 + 3x_3 = 114$ / : 2

III $x_1 + 2x_2 + 1{,}5x_3 = 57$ / nach x_1 auflösen
III $x_1 = -2x_2 - 1{,}5x_3 + 57$ / x_1 in I und II

I $4(-2x_2 - 1{,}5x_3 + 57) + 3x_2 + 6x_3 = 153$
II $6(-2x_2 - 1{,}5x_3 + 57) + 5x_2 + 2x_3 = 167$

I $-8x_2 - 6x_3 + 228 + 3x_2 + 6x_3 = 153$
II $-12x_2 - 9x_3 + 342 + 5x_2 + 2x_3 = 167$

$$
\begin{array}{lll}
\text{I} & -5x_2 = -75 & \\
\text{II} & -7x_2 - 7x_3 = -175 & \\
\hline
\text{I} & x_2 = 15 & / \; x_2 = 15 \text{ in II} \\
\text{II} & -7 \cdot 15 - 7x_3 = -175 & \\
\text{II} & -7x_3 = -70 & \\
\text{II} & x_3 = 10 & / x_2, x_3 \text{ in III} \\
\text{III} & 2x_1 + 4 \cdot 15 + 3 \cdot 10 = 114 & \\
\text{III} & 2x_1 = 24 & \\
\text{III} & x_1 = 12 & \\
\end{array}
$$

$$(x_1, x_2, x_3) = (12, 15, 10)$$

Unter den gegebenen Bedingungen können von E1 = 12 Stück, von E2 = 15 Stück und von E3 = 10 Stück hergestellt werden.

Aufgabe 117

Ermittlung der Verrechnungspreise, zu denen die Hilfskostenstellen ihre Leistungen abgeben:

$$
\begin{array}{lll}
\text{HI1} & 25.200 = 180p_1 & / : 180 \\
\text{HI2} & 20.000 + 25p_1 = 100p_2 & \\
\text{HI3} & 30.000 + 30p_1 + 10p_2 = 125p_3 & \\
\hline
\text{HI1} & p_1 = 140 & / \; p_1 = 140 \text{ in HI2 einsetzen} \\
\text{HI2} & 100p_2 = 20.000 + 25 \cdot 140 & \\
\text{HI2} & 100p_2 = 23.500 & \\
\text{HI2} & p_2 = 235 & \\
\text{HI3} & 30.000 + 30 \cdot 140 + 10 \cdot 235 = 125p_3 & \\
\text{HI3} & 125p_3 = 36.550 & \\
\text{HI3} & p_3 = 292{,}40 & \\
\end{array}
$$

Bestimmung der Gemeinkosten in den Hauptkostenstellen

Gemeinkosten der Hauptkostenstelle HA1 : = K1

Gemeinkosten der Hauptkostenstelle HA2 : = K2

$$
\begin{array}{ll}
\text{HA1} & K1 = 55p_1 + 40p_2 + 60p_3 + 110.000 \\
\text{HA2} & K2 = 70p_1 + 50p_2 + 65p_3 + 140.000 \\
\hline
\text{HA1} & K1 = 55 \cdot 140 + 40 \cdot 235 + 60 \cdot 292{,}40 + 110.000 \\
\text{HA2} & K2 = 70 \cdot 140 + 50 \cdot 235 + 65 \cdot 292{,}40 + 140.000 \\
\hline
\text{HA1} & K1 = 144.644{,}00 \text{ €} \\
\text{HA2} & K2 = 180.556{,}00 \text{ €} \\
\hline
\text{Summe} & 325.200{,}00 \text{ €} \\
\end{array}
$$

Aufgabe 118

Kosten der Werkstattfertigung	K1(x) = 280x + 6.000
Kosten der Fließfertigung	K2(x) = 240x + 18.000

$$K1(x) = K2(x) \quad \leftrightarrow \quad 280x + 6.000 = 240x + 18.000$$
$$40x = 12.000$$
$$x = 300$$

Die kritische Menge liegt bei 300 Stück. Ab dieser Menge lohnt sich die Umstellung auf die Fließfertigung.

Produktions-menge x	Kosten W K1(x) = 280x + 6000	Kosten F K2(x) = 240x + 18000	Entscheidung
0	6 000,00	18.000,00	K1(x) < K2(x) **Werkstattfertigung**
100	34.000,00	42.000,00	
200	62.000,00	66.000,00	
300	90.000,00	90.000,00	**K1(x) = K2(x)**
400	118.000,00	114.000,00	K1(x) > K2(x) **Fließfertigung**

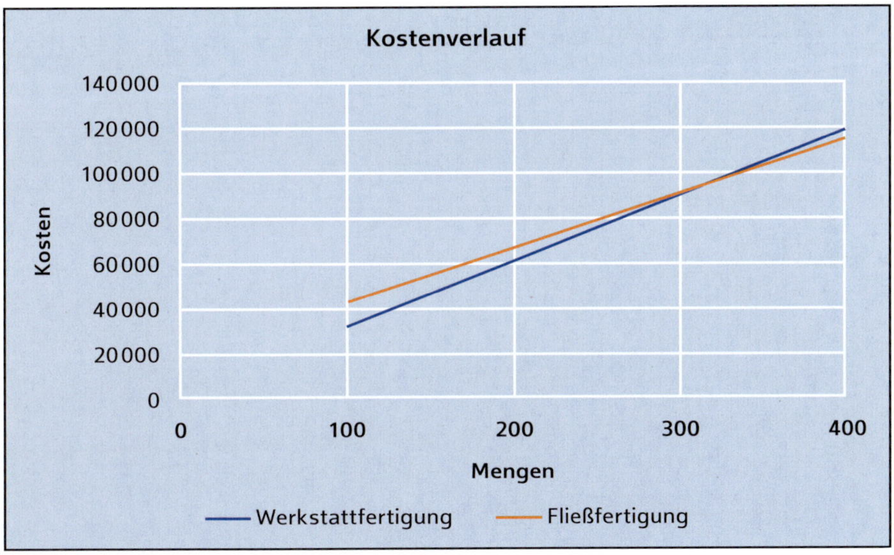

Aufgabe 119

1. Die variablen Kosten betragen 35,00 €/Stück. Die Kostenfunktion lautet demnach:

   $K(x) = 35x + 45.000.$

   Für die Erlösfunktion gilt:

   $E(x) = 65x.$

2. Bedingung für die Gewinnschwelle ist $E(x) = K(x)$, also:

   $65x = 35x + 45.000$

   $\leftrightarrow \quad 30x = 45.000$

   $\leftrightarrow \quad x = 1\,500$

   Bei einer Produktionsmenge von 1 500 Stück wird die Gewinnschwelle erreicht.

Produktionsmenge	Erlöse E(x) = 65x	Kosten K(x) = 35x + 45.000
0 Stück	0,00 €	45.000,00 €
500 Stück	32.500,00 €	62.500,00 €
1 000 Stück	65.000,00 €	80.000,00 €
1 500 Stück	97.500,00 €	97.500,00 €
2 000 Stück	130.000,00 €	115.000,00 €
2 500 Stück	162.500,00 €	132.500,00 €

3.

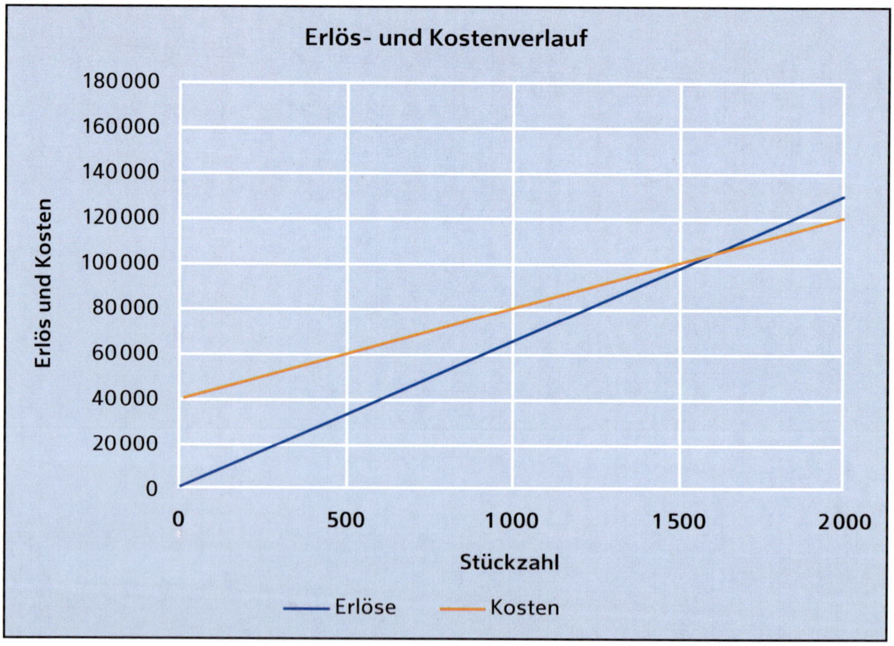

4. Die Gewinnfunktion lautet:

$$G(x) = E(x) - K(x)$$
$$\leftrightarrow \quad G(x) = 65x - 35x - 45.000$$
$$\rightarrow \quad G(5000) = 65 \cdot 5000 - 35 \cdot 5000 - 45000$$
$$\leftrightarrow \quad G(5000) = 325.000 - 175.000 - 45.000$$
$$\leftrightarrow \quad G(5000) = 105.000$$

An der Kapazitätsgrenze beträgt der Gewinn 105.000,00 €.

Bildquellenverzeichnis

Colourbox.com, Odense: S. 21, 1 und 3; Fabian, Michael, Hannover: Seite 17, 1; Panther Media GmbH (panthermedia.net), München: S. 21, 2 (koya979).